地球信息科学基础丛书

基于集成互补不变特征的多源遥感影像配准方法研究

王晓华 著

U0296089

科学出版社
北 京

内 容 简 介

本书以多源遥感图像配准为研究对象，全面分析了已有的局部不变特征提取和描述算法，匹配搜索策略以及匹配优化提取算法等影响图像配准的各种因素；探讨适用于多源遥感图像的具有互补不变的局部不变特征提取和描述算法。研究内容主要包括局部不变特征算法、局部不变特征描述、具有互补不变特征匹配算法、匹配的优化提纯等几个方面。

本书有关内容对遥感图像处理、模式识别、目标跟踪等具有一定的参考价值。本书可供从事遥感、测绘、模式识别等学科的科研工作者参考，也可供遥感、测绘、模式识别等专业的师生，尤其是研究生参考。

图书在版编目（CIP）数据

基于集成互补不变特征的多源遥感影像配准方法研究/王晓华著. —北京：科学出版社, 2017.4
（地球信息科学基础丛书）
ISBN 978-7-03-052089-0

Ⅰ. ①基⋯ Ⅱ. ①王⋯ Ⅲ. ①遥感图象–定位配准 Ⅳ. ①TP75 ②P229

中国版本图书馆 CIP 数据核字(2017)第 051121 号

责任编辑：苗李莉 李 静 / 责任校对：何艳萍
责任印制：张 伟 / 封面设计：陈 敬

科 学 出 版 社 出版
北京东黄城根北街 16 号
邮政编码：100717
http://www.sciencep.com

北京中石油彩色印刷有限责任公司 印刷
科学出版社发行 各地新华书店经销
*
2017 年 4 月第 一 版 开本：787×1092 1/16
2019 年 4 月第四次印刷 印张：7 3/4 插页：2
字数：190 000
定价：89.00 元

（如有印装质量问题，我社负责调换）

前　　言

遥感图像配准不仅是图像镶嵌、变化检测、信息融合、目标识别和跟踪的关键技术，而且也是天气预报及地图更新等在内的各种遥感图像分析目的的关键步骤之一，它的主要任务是实现同一目标在不同时相、不同角度或不同传感器获得的图像数据在空间位置上的一致。目前，对该技术研究的热点之一就是基于特征的配准方法。本书在全面总结和分析已有的基于特征的图像配准技术的基础上，主要研究集成多种特征的多源遥感图像配准问题。

本书全面分析了已有的局部不变特征提取和描述算法、匹配搜索策略，以及匹配优化提取算法等影响图像配准的各种因素，提出了两种分别适用光学遥感图像和 SAR 图像配准的集成特征配准算法，并采用大量的实际遥感图像进行实验以验证所提方法的正确性。

本书共 6 章。

第 1 章是绪论。对国内外图像配准技术的发展和研究现状进行了综合分析，重点分析基于局部不变特征的遥感图像配准方法存在的问题。最后提出本书研究的主要内容。

第 2 章是遥感图像预处理。对待配准的图像进行预处理。由于遥感图像受外界各种因素的影响，会产生各种畸变，为提高配准精度，在配准前需要进行各种预处理，尤其是几何畸变与辐射校正。

第 3 章是集成局部互补不变特征的提取与描述。常见的局部不变特征检测算法与描述。综合分析了基于特征的图像配准方法的基本原理与特性，并对各种不变特征检测算子进行比较与分析。同时分析了各种常见的局部不变特征描述算法，利用不同描述子之间的互补关系，提出一种新的局部不变特征描述子，且通过实验证明其有效性。

第 4 章是集成局部互补不变特征的多源遥感图像配准。利用局部不变特征进行遥感图像配准方法的研究。本章综合比较分析基于局部不变特征配准方法的精度与效率，以及配准的各阶段对配准精度的影响。最后提出一种集成特征检测算法，且通过实验验证其实用性。

第 5 章是基于局部不变特征配准算法性能评价及应用。局部不变特征匹配方法的综合比较与分析。对各种常见的基于局部不变特征的配准算法进行研究，分析各自的优点与缺点，为各种遥感图像配准方法选择提供参考。

第 6 章是结论与展望。总结本书研究工作，并规划下一步工作。

本书成果丰富了遥感图像特征提取与配准的相关理论和方法，同时为后续的多源遥感图像融合奠定了良好的基础。

此书的出版是在河南理工大学博士基金（B2014-07）的资助下完成的。

本书由河南理工大学王晓华编写。撰写过程中参考了大量国内外学者的研究成果，如文献中有疏漏，敬请原文作者谅解。本书的撰写得到了中国矿业大学（徐州）邓喀中教授、杨化超副教授，河南理工大学郭增长教授、王双亭教授的悉心指导，以及多位前辈和同事的无私帮助，作者表示衷心感谢！

由于作者水平有限，书中可能存在不妥之处，敬请相关专家和广大同行批评指正。

作　者
2016 年 12 月

目　　录

第1章 绪 论

遥感图像配准是遥感图像处理的关键步骤，其目的是将不同时间、不同波段或不同传感器得到的同一目标场景的两幅或两幅以上的图像进行叠加，从而为遥感图像的拼接、镶嵌和融合等做准备。经过配准的遥感图像可以除去或削弱基准图像和待配准图像之间由于外界因素影响所引起的空间几何畸变，最后获得具有几何一致性的两幅或两幅以上的图像。遥感图像配准是实现同一场景或目标的多幅遥感图像对比分析的基础，目前已经被广泛应用于各种变化检测、信息融合、图像镶嵌和天气预报等。本章将阐述研究遥感图像配准技术的背景和意义，并对图像配准的国内研究现状及相关的基本知识进行介绍，指出本书的创新点。

1.1 研 究 背 景

遥感是一种远距离、非接触式的目标探测技术与方法，作为一种综合性技术在20世纪60年代被提出。遥感是利用搭载在遥感平台上的传感器来接收从目标发射或辐射的电磁波信息，获得对目标定性与定量的描述（吕金建，2008）。使用的遥感平台主要有航摄飞机和航天遥感平台，传感器主要有红外传感器、多光谱传感器、CCD线阵列扫描仪及合成孔径雷达等。航空遥感最早被应用在军事方面，直到80年代后才逐渐被应用到地质、土木工程和农业等领域。随着传感器技术、航空航天技术，以及计算机技术的不断发展，遥感技术已进入实时、多平台、高分辨率、高光谱地提供各种对地观测数据的崭新阶段（朱述龙等，2006），具有广泛的应用前景。

遥感技术的最终目的就是从遥感图像中获得目标对象的信息并加以利用。随着计算机技术和数字图像处理技术的快速发展，从遥感图像中获取目标对象信息的数量和种类也不断增加。遥感图像的应用领域也同时获得了扩展。目前，全自动影像配准技术仍是遥感技术与计算机视觉领域共同研究的热点问题（姚国标等，2013）。在数字图像处理技术中，图像配准技术即可以被视为一个独立的图像处理研究方向，同时也是多种数字图像处理技术的基础，长期以来在其研究领域内受到广泛的关注，在相关领域的应用发挥着关键作用。

对由各种传感器获得的多幅遥感图像进行处理的过程中，必须要对它们进行比较分析，如目标的变化检测、信息融合、目标跟踪和地物分类，以及三维重建等。在对这些多幅图像处理时，其前提条件是假设这些图像之间已经经过精确配准。但是，不同传感器特性是有一定差异的，且不同传感器搭载的平台也不相同，同时各个传感器进行观测获得信息的时间与空间也不相同，因此使不同传感器获得的同一观测目标的信息也位于不同的坐标系中。如果要综合利用这些目标的信息，就必须首先使它们变换到同一个坐标系中，在某些特殊情况下还需要进行辐射畸变的校正，即图像配准是利用遥感图像信息的基础，必须进行这步操作，从某种意义上可以说图像配准技术是图像处理的首要条件。

在早期，遥感图像配准方法均采用人工配准方法，即在拍摄场景中设置标志或人工选择控制点。随着计算机和遥感图像处理软件的发展，图像配准技术基本采用人工干预的半自动方式。但是随着遥感平台的日益增加，使获得的遥感数据量也呈几何级数增长，人工的方法已经远远不能满足遥感图像处理的需求。因此，自动、高精度的遥感图像配准技术成为迫切需求，寻找实时、高效的图像配准算法成为目前图像配准技术研究的一个难点和热点。

图像配准问题不仅在遥感图像处理领域是一个关键步骤，而且在计算机视觉、医学图像和模式识别等领域同样也是一个核心问题。对于已有的基于灰度的图像配准方法由于容易受外界条件的影响，而导致配准精度不高，因此人们研究提出基于特征的配准方法，这种方法可以克服基于灰度图像配准方法的缺陷，提高配准精度。但是由于遥感图像数据量大，若使用对小数据量配准效率比较高的配准算法进行配准却不理想，因此为了获得高效、理想的遥感图像配准方法在遥感图像处理领域获得理想的配准效果，本书针对集成互补不变特征的遥感配准算法展开研究，以寻求高效率、高精度的遥感图像配准技术，具有重要的理论和实际意义。

1.2　图像配准研究的国内外现状

图像配准是对同一场景从不同视角、用不同传感器获取的，有重叠区域的两幅影像进行几何配准的过程（李孚煜和叶发茂，2016），其最初的研究可以追溯到 Roberts 的工作中（Roberts，1963），他采用对齐多面体每条边的投影和图像的边缘识别预先定义的多面体进行配准。而两幅真正的图像间的配准问题首先出现在遥感应用中（Anuta，1969，1970）。此后图像配准技术被 Mori 等（1973）、Levine 等（1973）和 Nevatia（1976）等首先研究应用在机器视觉上。1979 年才开始应用于生物医学上（Singh et al.，1979）。Pluim 和 Fitzpatrick（2003）曾对图像配准技术的研究发展历程做过调查，发现图像配准技术始于 20 世纪 60 年代，但是到 80 年代才引起学者们的关注，在这之前有关图像配准技术的文献很少。进入 90 年代后有关图像配准技术方面的文献才开始明显增加。而我国在图像配准领域（刘松涛和杨绍清，2007）的最早研究成果之一是罗小慧的博士学位论文《基于特征和灰度的影像配准方法》（罗小慧，1993）。由于 1992 年以前的图像配准方法由 Brown 进行过详细的综述，而从 1992~2003 年的图像配准方法被 Zitova 和 Flusser 进行过系统回顾，2003~2008 年有关图像配准方法的发展文献由吕金建（2008）进行过详细统计，并对各国发展情况进行比较，指出这个阶段是图像配准技术发展最快的时期。因此，作者主要分析研究了 2008 年以后图像配准技术的发展情况。通过查阅 IEEE、SCI、EI、ISTP、INSPEC、NTIS、PQDD 等数据库，截止到 2012 年 7 月，统计发现在短短的 4 年内图像配准技术得到了快速发展，图像配准技术的研究机构主要分布于美国、德国、英国、加拿大、法国，以及日本等国家，其中美国在该领域遥遥领先于其他国家，其主要研究成果由各大学和 NASA 空间飞行中心等科研机构取得，如以 Vanderbilt University 的电子工程与计算机科学系的 J.Michael Fitzpatrick 教授为学术带头人的课题组对医学图像配准研究取得了大量成果；NASA 空间飞行中心 Jacqueline Le Moigne 教授领导的课题组对遥感图像配准进行了深入研究。其余国家在图像配准方面的研究也取得了丰硕成果，如英国 Derek L.G.Hill 教授领导的课题组在医学图像配准方面取得大量的成果。在国内有关图像配准方面的研究主要集中在北京理工大学、上海交通大学、首都医科大学等大学和中科院电子所等科研机构，其中有关遥感图像配准的研究主要集中在中科院电子所；医学图像配准研究主要集中在上海交通大学和首都医科大学；而北京理工大学主要研究多光谱图像配准技术。另外，还有武汉大学、华中科技大学和国防科技大学等其他从事图像配准研究的机构。

1.3　基于特征的图像配准方法研究现状

基于特征的图像配准方法是目前的主流方法，该方法主要是从两幅图像中提取具有局部不变的几何特征作为配准基元进行匹配，然后由匹配的特征对作为配准控制点。由于图像的几何特征比图像灰度稳定性强，这类方法已经成为目前图像配准研究的热点方向。但由于图像的内容与质量对特征提取结果具有重要的影响，目前大多数方法仅仅在研究者选用的图像上才能获得较好的结果。基于特征的图像配准方法的研究热点主要有局部不变特征检测和局部不变特征描述。其中，最常用的影像特征有局部区域、轮廓、边缘等，靳峰（2015）综述了国内外相关的算法。

1.3.1 局部不变特征检测算子研究现状

局部不变特征检测已经被广泛应用到计算机视觉领域中，如图像配准、图像融合和物体跟踪，以及 3D 重建和数字水印等，所有这些研究都是以提取局部不变特征为基础，目前在这些方面也已经取得很好的成果。

1. 点检测方法

早在 1954 年就有关于局部不变特征和局部不变性特征检测的相关文献，Attneave 曾提出有关高曲率的显著相关点的有关信息（Attneave，1954）。局部不变特征检测源于运动分析相关算法，关于角点检测最原始的算法由 Moravec（1977）提出的，采用最小强度变化的局部极值以确定角点位置。这种算法的缺点是各向异性，在处理边缘区域时效果不理想，并且受噪声影响较大（Johnson and Hebert，1999）。为克服这些缺点，Harris 等提出 Harris 角点检测算子（Harris and Stephens，1988），该检测算子至今仍被广泛应用，但是该检测算子的最大缺点是不能处理尺度缩放。此后，Linderberg 基于自动尺度选择理论（Linderberg，1998），采用 Hessian 和 Harris 算法，在 Laplace 算子构成的尺度空间中分别提取 blob 区域。在此基础上 Linderberg 算法被 Mikolajczyk 和 Schmid（2004，2005）进行修正，从而提出更具鲁棒性的尺度不变检测算子，被称为 Hessian-Laplace 和 Harris-Laplace。

常见的特征点检测方法主要有以下三种（邓宝松，2006）。

（1）基于图像边缘和图像分割结果的检测方法。以边缘曲线的拐点及多条边缘曲线的交点为特征点。这种研究在早期存在时间较长。例如，Mokhtarian 等最早用平面曲线拐点为特征点，此后又发展为在多尺度框架下给出曲率尺度空间（curvature scale space，CSS）表示法（Mokhtarian and Suomela，1998；Abbasi et al.，2000），但是，基于边缘的特征点检测方法有赖于边缘检测结果，而边缘检测也是一个没有获得较好解决的问题，尤其是在其拐点位置，几乎所有的边缘检测算法均会产生定位误差。

（2）基于参数模型的特征点检测法（Rohr，1992）。该方法又称为特征模板法检测，即将所有待检测特征点邻域窗口与某种含参数的特征模板比较，利用自适应参数调整增加两者相关度，若两者相关度超过某一阈值则该窗口中心即被认为是特征点。该法的优点是定位精度高，但其缺点是每一个模板都要改变参数来适应各种可能发生的现象，计算较复杂。

（3）基于图像亮度自身的自相关性检测法。这种方法是目前研究和应用较广的。

2. 线检测方法

相对于点特征，线特征也是图像中比较重要的描述符号，多数人工建筑物、主要道路及河流等都可以用直线来描述。线特征检测是场景分析、目标识别系统中很重要的一部分。线检测算子又称边缘检测算子，一般位于图像一阶微分的极值点或二阶微分过零点处，且大部分使用数字图像与边缘检测算子进行卷积来实现（周拥军，2007）。

3. 区域特征检测方法

区域特征常在卫星图像和航空图像中出现，如大片水域、森林、湖泊、建筑物及图像中的阴影等，区域检测一般采用分割法。

目前有关局部不变特征检测的各种算法已经比较成熟，如对点和边缘检测效果较好的 Harris 算子（Harris and Stephens，1988）、SUSAN 算子（Smith and Brady，1997）、SIFT（scale invariant feature transform）算子（Lowe，2004）、Hessian-Laplace 算子（Mikolajczyk and Schmid，2005）等，以及在此基础上的近似算子，即高斯差分（difference of Gaussian，DOG）算子（Viola and Jones，2001）、SURF 算子（Lee et al.，2005）等；对区域检测效果较好的算子主要有 MSER 区域特征（Matas et al.，2004）、Harris-Affine 区域特征和 Harris-Affine 区域特征（Schlattmann，2006），以及基于显著性区域特征检测等。

1.3.2　局部不变特征描述子研究现状

图像局部不变特征检测之后，还要准确地给予描述。要准确描述这些特征附近局部图像模式要选择一种合适的特征描述方法，这同时也是图像识别过程中的又一个重要的步骤。

最早的局部不变特征描述方法是局部微分（Koenderink and Doorn，1987），由 Florack 等提出的局部不变特征描述子是采用局部微分以建立差分不变量从而获得选择不变性（Florack，1994）。由 Freeman 和 Adelson 提出的特征描述形式（Freeman and Adelson，1991）是采用不同类别的 steerable 滤波器组成的可控滤波器。由于 Gabor 函数可以很好地表示视皮层简单细胞的感受功能（Daugman，1985），因此 Marcelja（1980）和 Daugman（1985）采用一组 Gabor 函数模仿哺乳动物视皮层模型建立局部不变特征描述。

在目前的描述子算法中最简单的算法是直接应用像素建立特征区域描述。然后再利用描述子间的关系计算相似性。但是这种描述子属于高维描述子，在对物体进行识别时会导致庞大的计算量，所以，这种描述子多用于判断两幅图像的相似性。目前局部不变特征描述子算法按照实现的原理不同主要被分为四类。

1. 基于图像梯度分布的描述子

基于图像梯度分布的描述子是利用局部不变特征的直方图表征不同的形状

或图像外观的某些特征。这种算子的最简单的实现方式就是采用直方图表示局部不变特征的像素分布。Johnson 和 Hebertp（1999）面向三维目标识别中提出来的被称为 spin image 的一种更有价值的表示方式。Zabih 和 Woodfill（1994）提出一种在照度变化中能够保持不变的描述子算法。这种描述子算法使用邻域像素的排序关系建立直方图而不是利用图像中的原始像素强度。这种描述子算法大部分应用于纹理识别领域，维度过高是这种描述子的最大缺点。

另外，基于图像梯度分布的描述子算法比较有效的还有 SIFT（Lowe，1999）、PCA-SIFT（Ke and Sukthankar，2004）、GLOH（Mikolajczyk and Schmid，2005）和 shape context（Belongie et al.，2002）等。

2. 基于不变矩的描述子

有关不变矩描述方法的研究最早可以追溯到 Hu 矩（Hu，1962）。 Hu 采用代数不变量的原理和结论，最早提出对于二维旋转具有不变矩形式，随后，出现大量各种对 Hu 不变矩的改进研究，并被应用于多个领域中。例如，Flusser 和 Suk（2003）提出在噪声和模糊环境中耐受性更强的线性滤波不变矩，该描述子可以对模糊图像进行特征描述从而达到目标识别目的。刘萍萍（2009）提出基于局部梯度的仿射不变矩。

3. 基于空间频率的描述子

采用图像的频率以建立特征描述在很多文献中被提起过。采用傅里叶变换可把图像内容分解成一些基本函数。但是在这种表示方法中，点间的空间关系不是显式的，且分解的基本函数是无穷的，因此很难用于局部不变特征描述。

4. 基于微分的描述子

利用计算得到的指定阶的图像微分可估算特征点的邻域。Florack 将局部微分构成特征组件从而获得旋转不变性，提出差分不变量（Florack et al.，1991）。Freeam 和 Adelson（1991）应用给定方向的微分组成局部微分组件，从而提出可控滤波器，给定方向的微分被称为控制微分，也可满足旋转不变性。此外，Baumberg、Schaffalitzky 和 Zisserman 分别采用基于微分的复杂滤波器，他们之间不同点是 Baumberg 采用的是 Gaussian 微分（Baumberg，2000），Schaffalitzky 和 Zisserman 却采用的是 Gaussian 微分的多项式形式组成的复杂滤波器（Schaffalitzky and Zisserman，2002）。所采用的滤波器与 Gaussian 微分的区别是他们使用的是线性坐标变化来改变滤波响应。

除上述四类主要的描述子外，还有基于纹理的描述子和基于颜色的描述子等。

近年来，在国内计算机视觉领域，基于局部不变特征检测与描述的方法在目标识别和匹配方面取得了显著的进展。作为该领域的重要理论研究成果，该方法首先在图像中检测对尺度、旋转、仿射及光照变化等保持（部分）不变性的稳定特征，并采用 SIFT（scale invariant feature transformation）特征描述符进行描述，匹配时则通过多维特征描述向量间的距离（如欧氏距离）来衡量特征的相似性（Lowe，2004）。常用的尺度不变特征点有 SIFT 算法采用的 DOG 关键点（以下简称为 SIFT 特征点）及 Harris-Laplacian 特征点，常用的仿射不变区域特征主要有 Harris-Affine 及 MSERs（maximally stable extremal regions）等（Mikolajczyk et al.，2005）。

相关研究主要有：李晓明等（2006）对航空和航天遥感影像在不同的变形、不同的光照变化和不同的分辨率下进行了大量的配准实验，表明 SIFT 算法具有稳定、可靠、快速等特点；陈尔学和田昕（2008）亦验证了 SIFT 对 SAR 影像间的平移、旋转及缩放等几何变换差异具有较强的稳定性；李芳芳等（2009）、陈方等（2009）从提高计算速度的角度对 SIFT 算法进行了优化并将其用于多源遥感影像配准；为提高影像匹配的可靠性和对影像纹理场景的适应性，李玲玲等（2008）则融合了具有互补检测性能的 SIFT 和 Harris-Affine 两类不变特征用于大变形的遥感影像配准；葛永新等（2010）提出了基于良分布的亚像素定位角点的图像配准方法，该方法的特点是对提取的多尺度 Harris 特征点的数量采用自适应非极大值抑制和特征点条件数进行了限制，提高了配准模型参数估计的鲁棒性；Yu 等（2008）将 SIFT 算法用于遥感影像的初配准及仿射变换参数估计，然后在仿射变形改正后的影像上重新提取 Harris 特征点，并基于灰度相关的匹配方法完成 Harris 特征点的匹配及遥感影像的精配准；程亮等（2009）将 MSERs 仿射不变特征用于遥感影像的匹配。

综上所述，已有的配准基本都是基于灰度的图像配准或基于单一特征的图像配准的研究，对具有互补性的不变特征之间的关系研究较少。而且这些研究大部分都是基于相同传感器获得的光学图像的研究，对于雷达影像以及不同传感器获得的影像，如光学影像与雷达影像间的配准的研究却很少。

1.4　研究的目的和意义

通过对图像配准方法研究现状讨论可知，基于局部不变特征的遥感图像配准方法融合了多学科理论成果，如数学、物理学、计算机视觉、图像处理等；同时多学科交叉为不变特征深入研究拓宽了发展空间。目前基于局部不变特征的配准技术已经成为遥感和机器视觉及模式识别领域研究的热点。通过对图像配准方法的研究现状讨论可知：

（1）图像配准的关键步骤即局部不变特征检测和描述子算法的研究已经成

熟，采用的基本理论和工具模型涉及较广，且成体系化发展。例如，按实现方式检测子算法可以被划分为形状曲率法（Wang and Brady，1995；Rutkowski and Rosenfeld，1978）、差分法（Beaudet，1978；Nagel，1983）、梯度法（Schmid and Mohr，1996）及形态学法（Rosten and Drummond，2005；Smith and Brady，1997）等。描述子算法按实现方式被分为分布法（Linderberg，1998）、空间频率法（Lee，1996）、微分法（Schmid and Mohr，1996）等。

（2）目前基于局部不变特征配准技术是遥感领域实现高精度、高效率配准的研究方向之一，即针对遥感图像数据量大、变化复杂等特点，在这些应用中，不仅追求特征定位的准确性或特征描述的可区分性，更注重在有效响应时间内的确定性结果。因此提高局部不变特征检测和描述效率也是当前遥感图像配准领域研究方向。由于已有的配准方法基本都是基于单一的局部不变特征配准，这种方法在小尺寸图像中效率较高，但是对较大尺寸的遥感图像配准效率就大大降低。针对遥感图像尺寸大、图像间变形复杂的特点，为提高其配准精度和自动化程度，研究集成具有互补不变性的局部不变特征进行配准有非常重要的意义。

本书将以遥感图像配准作为应用领域，研究局部不变检测和描述子算法的效率，以及集成具有互补不变性的局部不变特征的配准技术，并研究不同成像机理的光学影像与雷达影像间的配准方法。同时，还将探讨目前描述效率较高的局部不变描述子算法（SIFT），将该算法与仿射不变矩结合，提出一种集成描述子，为提高遥感图像配准效率提供新方法。

1.5　主要研究内容

根据以上分析，本书从局部不变特征配准的已有方法存在的问题出发，以局部不变特征检测和描述算法作为研究重点，对不同的特征检测方法和描述算子进行研究。局部不变特征检测与描述是遥感图像配准的关键技术，对其进行研究可以为后期图像精确自动配准奠定基础；局部不变特征检测和描述算法的研究从抗各种噪声和鲁棒性等方面展开，以探讨不同变化情况下具有最佳的互补不变性的检测算子。本书主要研究内容为以下四方面。

（1）对各种局部不变特征提取算法进行比较与分析：包括点、线、面，以及虚拟特征的检测算法评述与分析。对不同的特征进行研究以获得特征间的互补关系，进而弥补单一特征的缺陷，提高不变特征检测精度。

（2）对各种局部不变特征描述子算法进行比较与分析：主要研究基于梯度分布描述子与仿射不变矩描述子之间的互补关系。利用不同描述子的互补关系，提出一种能够提高不变特征描述准确性及配准精度的新的描述子。

（3）局部不变特征配准方法研究：针对遥感图像尺度大、变化复杂的特点，研究不变特征的互补性。提出一种可以提高大变形图像间的配准精度的集成互补不变特征的配准方法。

（4）对局部不变特征配准算法进行分析评价：对各种基于不变特征的配准算法精度与速度进行分析与评价。

本书研究技术路线见图 1.1。

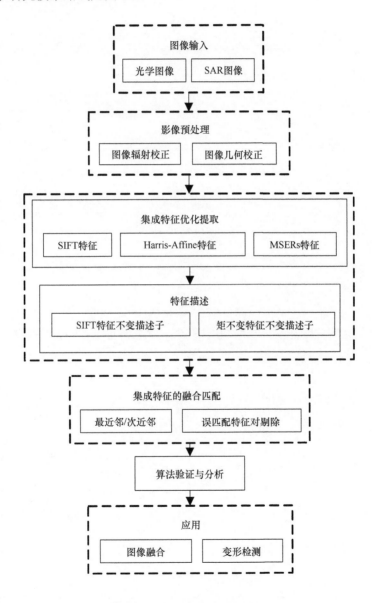

图 1.1　研究技术路线图

1.6 本 章 小 结

本章主要论述本书研究的主要目的及其重要意义，在阅读大量参考文献的基础上，评述了基于特征的遥感图像配准方法存在的主要问题，进而提出本书主要的研究内容，并且制订了详细的研究技术路线。

第2章 遥感图像预处理

2.1 遥感图像预处理

遥感图像在获取过程中由于受外界影响会产生各种变形，如噪声会使遥感图像上产生不需要的图像。在遥感图像配准过程中，图像间发生的各种畸变，如几何畸变与辐射畸变等，都会对遥感图像配准精度产生严重影响。其中辐射畸变和几何畸变是遥感图像存在的两种常见畸变，因此在遥感图像配准之前进行辐射校正和几何校正，即遥感图像预处理。无论是辐射校正还是几何校正，其最终目的都是使预处理后图像尽可能逼近数据采集时研究区域的辐射和空间属性的真值。下面分别介绍遥感图像的辐射校正和几何校正。

2.1.1 遥感图像的辐射校正

辐射校正就是指消除图像数据中由辐射亮度引起的各种失真的过程。遥感图像辐射畸变产生的原因主要包括三个方面。

（1）传感器的灵敏度特性引起的辐射畸变，如光学系统特性引起的畸变、由光电扫描仪引起的畸变。

（2）光照条件不同引起的辐射校正，如太阳高度角不同引起的辐射校正、地面倾斜引起的辐射校正等。

（3）大气的散射和吸收导致的辐射校正。

根据辐射畸变产生的原因，采用不同的校正方法。主要校正方法如下：

（1）光学系统特性导致的畸变是指在使用透镜的光学系统中，存在边缘减光现象即边缘部分比中心部分发暗，如在摄像面中经常会遇到。若以光轴到摄像面边缘的视场角设为 θ，则在理想的光学系统中某点的光量与 $\cos^n \theta$ 近似正比关系，这一性质可以用于校正即 $\cos^n \theta$ 校正。注意，对于视场较大的成像光谱仪图像在沿扫描方向上也会存在明显的灰度不均匀现象。这种辐射畸变主要是由光线路径长度不同导致的，当扫描角度较大时，光线路径越长，大气衰减也就越严重；位于星（机）下点的光线路径最短，则大气衰减产生的影响也最小。

（2）由光电扫描仪产生的畸变主要包括两类：一类是光电转换误差，是指在扫描方式的传感器中，传感器接收系统收集到的电磁波信号需经光电转换系统变成电信号记录下来，从而导致畸变；另一类是由探测器增益变化导致的畸变。

（3）太阳高度角导致的辐射畸变校正是将由太阳光线倾斜照射时获得的图像校正为垂直照射时的图像。太阳高度角由获取图像的时间、季节和地理位置确定。

由太阳高度角导致的畸变是通过调整图像内的平均灰度进行校正。若不考虑空中光的影响，所有波段的图像可采用相同的高度角校正。

另外，太阳方位角的改变也会导致光照条件的不同，它随着成像季节、地理纬度的不同而改变。太阳方位角导致的图像辐射畸变一般只影响图像的细节特征，可以采用与太阳高度角校正相类似的方法进行校正。

（4）地形坡度导致的辐射畸变校正。太阳光线到达地表以后再反射到传感器的太阳光的辐射亮度与地面坡度有关。若太阳光线是垂直入射则水平地表受到的光照强度记为 I_0，则光线垂直入射时倾角为 α 的坡面上入射点处的光强度 I 为

$$I = I_0 \cos \alpha \qquad (2\text{-}1)$$

由此可得，校正后的图像 $f(x, y)$ 与处在坡度 α 的倾斜面上的地物影像 $g(x, y)$ 的关系可表示为

$$f(x, y) = \frac{g(x, y)}{\cos \alpha} \qquad (2\text{-}2)$$

由式（2-2）可知，地面倾角导致的辐射校正方法需图像对应地区的 DEM 数据，校正较困难，因此一般对地面倾角导致的畸变不做校正。

（5）大气校正。太阳光在大气中传播到地面目标前，大气会对其产生吸收和散射作用。同时，目标物的反射光和散射光在传播到传感器前也会被吸收和散射。传感器接收的电磁波能量除地物自身的辐射外还有大气引起的散射光，对这些影响进行消除的过程就称为大气校正。其校正方法主要有以下三种。

方法一，运用辐射传递方程法校正。

设地面目标的辐射能量为 E_0，经过高度为 H 的大气层后，传感器接收系统所能接收到的电磁波能量为 E，则由辐射传递方程可以得到：

$$E = E_0 \cdot e^{-T(0, H)} \qquad (2\text{-}3)$$

式中，$e^{-T(0,H)}$ 为大气衰减系数。若给上式一个合适的近似解，则可求出地面目标的真实辐射能量 E_0。在可见光和近红外波段，主要是气溶胶引起的散射引起的大气影响。在热红外波段，主要是水蒸气的吸收引起的大气影响。为校正大气影响，需测定可见光和近红外波段的气溶胶密度及热红外波段的水蒸气浓度。但是，这些数据是不可能仅从图像数据中进行正确测定的，所以采用辐射传递方程时，一般得到的仅仅是近似解。

方法二，利用地面实测数据校正。

当获取地面目标图像前，在地面放置已知反射率的标志，或测出若干地面目标的反射率，把由此获得的地面实况数据与传感器的输出值比较，以校正大气影响。这种方法仅适用于含有地面实况数据的图像，这是因为遥感过程是动态的，所以在地面特定区域、特定条件和一定的时间段内测得的地面目标反射率不具有普适性。

方法三，采用辅助数据校正。

在获得地面目标图像时，运用搭载在同一平台上的传感器测量气溶胶和水蒸气浓度数据，则可以采用这些数据进行大气校正。

在处理 Landsat-4、5 的 MSS 数据时，采用一种简单的大气散射补偿方法，即从所有图像像元亮度值中减去一个辐射偏置量，该辐射偏置量与图像直方图中最小亮度值相等。该偏置量会随景象的不同而有所变化，同一景象波段不同其偏置量也很有可能不相同，这是由于景象辐射中大气散射成分与波长呈反比，偏置量最大的是第一波段，而偏置量最小的是第四波段。

在处理 SPOT 数据时，因为瑞丽散射在 0.89μm 处只是在可见光的 0.5μm 处的 1/10，因此由瑞丽散射产生的辐射校正仅涉及 SPOT HRV 的多光谱数据中的第一、二波段和一部分全色波段，大部分情况下瑞丽散射影响能得到很好地校正。但是米氏散射仅随波长逐渐改变，所以全部成像的光谱段都会受米氏散射的影响。若想正确校正米氏散射对辐射量的影响，首先要知道米氏散射的三个特征，也就是视觉上的微粒密度、微粒类型和米氏散射的相位函数。其中米氏散射影响要比瑞丽散射的影响更难校正。

2.1.2　遥感图像的几何校正

在遥感成像过程中，因各种因素的影响导致遥感图像存在一定的几何畸变或几何误差。所谓几何误差就是指该图像与基准图像中各像元之间存在的位置误差。一般选择该图像所对应的正射图作为基准图像。纠正图像的几何误差，将其变换到基准图像坐标系中的过程就是几何校正。由于几何畸变将会影响图像的质量和使用，因此必须校正。但并不是所有的几何畸变都需校正，应视具体情况来定，如有些遥感图像数据在向用户提供前就做过必要的几何校正，则用户在使用时就不必进行几何校正。

1. 几何误差来源

导致遥感图像产生几何误差的原因很多，归纳起来一般分为两大类：内部原因和外部原因。内部原因引起的误差是由传感器本身的结构引起的几何畸变，如像主点偏移、镜头畸变及不同波段上相同位置的扫描线成像时间差等。一般内部因素导致的几何误差因传感器结构而有所差异，一般情况下误差不是很大，因此本书不再讨论。外部原因引起的误差是指传感器以外的因素导致的，如传感器外方位元素、地形变化、地球曲率、地球旋转，以及电磁波传输介质的不均匀变化等都可能引起几何误差的产生。下面主要讨论几何误差的外部表现形式。

1）外方位元素导致的图像畸变

外方位元素是指传感器成像时所在的位置 (X_S, Y_S, Z_S) 和姿态角 (α, ω, κ)。当外方位元素不在标准值时成像，将会引起图像上像点发生移位，而导致图像发生变形。理论上，由外方位元素导致的图像几何畸变规律可以利用图像的构像方程建立，且图像的畸变规律会随图像的几何类型不同而变化。

对画幅式图像，由图像的所有外方位元素变化量与像点坐标变化量之间的一次项关系式，可知所有单个外方位元素导致的图像畸变情况如图 2.1 所示，其中实线图像表示画幅式相机的外方位发生轻微变化时获得的图像，而虚线图像表示画幅式相机处于理想状态时获得的图像，对二者进行比较可找到画幅式相机外方位元素变化导致的图像畸变规律。

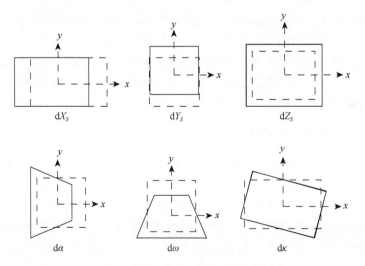

图 2.1　外方位元素引起的图像畸变

对动态扫描图像（即传感器在运动过程中获得的一景图像，如顺迹扫描图像和横迹扫描图像），其构像方程是基于一个扫描瞬间建立的，同一幅图像中外方位元素随位置不同而变化，所以，由构像方程得出的几何畸变规律仅表示扫描瞬间图像上对应点、线位置的局部畸变，整个图像的畸变是各个瞬间图像局部畸变的综合结果。图 2.2 反映的就是由外方位元素变化引起的动态扫描图像畸变情况。其中，图 2.2（a）是综合畸变，对应地，各外方位元素独立导致的图像畸变分别如图 2.2（b）~（g）所示。与画幅式图像不同的是每个外方位元素的变化可会导致整幅图像产生非线性畸变。

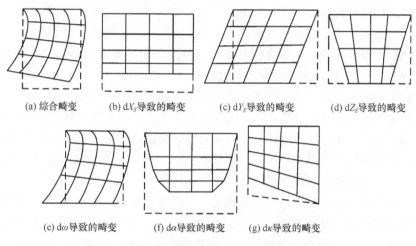

图 2.2　外方位元素导致的动态扫描图像的畸变

2）地形起伏导致的图像畸变

地形起伏变化引起图像投影时产生误差。图像无论是否水平，对于有起伏的地形，那些高于或低于给定基准面的地面点，其像点与该地面点在基准面上的正射投影点所对应的像点之间都有着直线移位，即投影误差。该投影误差的存在会引起图像发生畸变，如处于地形起伏地区的目标在图像上的形状很有可能与实地形状不同。

3）地球曲率导致的图像畸变

众所周知，地面坐标系使用的投影面一般是水平面。在对遥感图像进行几何处理时，若控制点的物方坐标是使用的该地面坐标系，则物点与对应的像点坐标之间的共线方程条件式就不成立。为解决这个问题，一般是先按照地球曲率导致的像点位置变化规律对像点坐标进行校正，使校正后的像点坐标与处于该地面坐标系中的控制点坐标之间满足共线条件。

由地球曲率导致的像点位置变化与地形起伏导致的像点位置改变相似。只要令地球表面（假设地球表面是球面）上的点到地球切平面的正射投影距离是系统的地形起伏，即可应用投影误差公式估计地球曲率导致的像点位置改变。

4）地球旋转导致的图像畸变

地球旋转不会造成画幅式图像发生畸变，这是由于在曝光瞬间画幅式图像就会一次成像。地球旋转主要造成航天动态扫描图像发生形变。

2. 几何校正方法

遥感图像几何校正方法根据几何误差产生的原因不同校正方法也有所不同，但是最终目的是相同的，即为了完全或部分消除遥感图像上的几何误差，最终获得正射影像或近似正射影像。对各种几何校正方法其校正的一般步骤下：

（1）选取校正方法。根据遥感图像的特点、使用要求和已知数据（如控制点、DEM 等）情况，选取合适的几何校正方法。

（2）选取校正公式。对原始输入图像中的像点与几何校正后图像中的像点选取合适的变化公式，同时采用控制点等辅助数据求取变换公式中的未知参数。

（3）检验校正方法、校正公式的有效性。检验几何变化是否得到充分校正，如果几何变化没有得到有效改正，则分析原因，尝试其他的几何校正方法。

（4）获得消除几何变化的图像。

遥感图像几何校正方法主要分两类：即严格几何校正法和近似几何校正法。如果遥感图像的成像模型和相关的辅助数据已知，则可按成像模型精确或近似精确地获得图像上像点的正确位置，即获得校正图像，这种方法即称为严格几何校正方法。如果使用遥感图像的要求不是很高，或辅助数据不全使成像模型中的参数无法获取，或根本不知道图像几何类型时，可以假定数学模型作为成像模型而对图像进行几何校正，这种方法则称为近似几何校正。在使用该方法时，假定的数学模型应该尽量能反映遥感图像的几何畸变规律，否则校正结果不能达到要求。

3. 几何校正中的重采样和内插

在对遥感图像进行几何校正时，需要对原始输入的图像根据成像模型或假定的数学模型进行重采样，从而获得校正图像。重采样主要有两种方法，即直接法和间接法，如图 2.3 所示。

直接法重采样就是由原始影像中像点坐标按照式（2-4）求出校正后影像中的像点坐标的过程：

$$\begin{cases} X=F_x(x,y) \\ Y=F_y(x,y) \end{cases} \qquad (2\text{-}4)$$

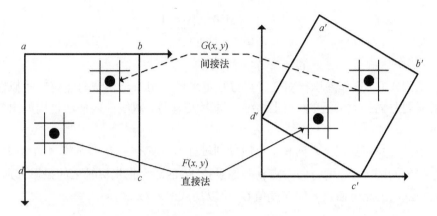

图 2.3　重采样示意图

然后再把原始影像中坐标为 (x,y) 处的像点灰度值赋给校正后影像中坐标为 (X,Y) 处的像点，在式（2-4）中，F_x 和 F_y 是直接校正的坐标变换函数。

与直接法校正过程相反，间接法校正是由校正后影像中像点坐标，按照式（2-5）求出原始影像中像点坐标的过程：

$$\begin{cases} x = G_x(X,Y) \\ y = G_y(X,Y) \end{cases} \tag{2-5}$$

然后把原始影像中坐标为 (x,y) 处的像点灰度值赋给校正后的影像中坐标为 (X,Y) 处的像点，在式（2-5）中 G_x 和 G_y 是间接校正的坐标变换函数。

在遥感图像重采样过程中，无论是直接法重采样还是间接法重采样都不可避免的要用到灰度内插。这是因为在直接法重采样中校正后影像中的像点坐标 (X,Y) 可能不是整数，而在间接法重采样中校正后的影像中每个像素在原始影像中的像点坐标 (x,y) 也可能不是整数值，因此，必须通过内插方法求出校正后影像中整数像点位置的灰度值和原始影像中坐标为 (x,y) 处的灰度值。而应用像素附近若干个像点的灰度值来求出该像素灰度值的操作即是灰度内插。常用的灰度内插方法主要有：双线性内插法、双三次卷积法和最邻近内插法。

1）双线性内插法

双线性内插法是采用一个分段线性函数大致表示灰度内插时附近像点的灰度值对内插点灰度值的作用大小，所采用的分段线性函数表示如下：

$$z(x)=\begin{cases} 1-|x| & 0 \leqslant |x| \leqslant 1 \\ 0 & 其他 \end{cases} \qquad (2\text{-}6)$$

采用式（2-6）作卷积核对任一点进行重采样与用 sinc 函数有一定的相似性。此时需要与内插点邻近的 4 个原始像元素参与计算。双线性内插法过程如图 2.4 所示。

内插计算可以沿 x 方向和 y 方向分别进行。令内插点 p 与周围 4 个最近像素之间的间隔为 1，同时假设点 p 到像素点 11 的距离在坐标轴上的投影分别为 Δx 和 Δy，因此内插点 p 的灰度值 G_p 可以用式（2-7）表示：

$$G_p = \begin{bmatrix} z(\Delta x) & z(1-\Delta x) \end{bmatrix} \begin{bmatrix} G_{11} & G_{12} \\ G_{21} & G_{22} \end{bmatrix} \begin{bmatrix} z(\Delta y) \\ z(1-\Delta y) \end{bmatrix} \qquad (2\text{-}7)$$

式中，G_{ij} 为像点 ij 的灰度值。由于双线性内插法无论是内插精度还是运算都比其他方法优越，因此是灰度内插最常用的方法。

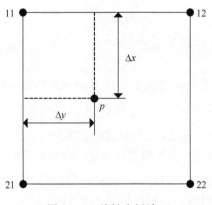

图 2.4　双线性内插法

2）双三次卷积法

双三次卷积法是采用三次重采样函数 $z(t)$ 近似表示在灰度内插时周围像点的灰度值对内插点灰度值作用大小，其过程如图 2.5 所示，其中 $z(t)$ 表示为式（2-8）。假设距离内插点 p 最近的像素点是 33 相邻像素间距离是 1，p 点与像素点 33 之间的距离在 x 和 y 方向上投影分别是 Δx 和 Δy，因此点 p 的灰度值 G_p 可以用式（2-9）表示：

$$z(t)=\begin{cases} 1-2|t|^2+|t|^3 & 0\leqslant|t|\leqslant 1 \\ 4-8|t|+5|t|^2-|t|^3 & 1\leqslant|t|<2 \\ 0 & |t|\geqslant 2 \end{cases} \quad (2-8)$$

$$G_p=\begin{bmatrix} z(1+\Delta x)z(\Delta x)z(1-\Delta x)z(2-\Delta x) \end{bmatrix}\begin{bmatrix} G_{11} & G_{12} & G_{13} & G_{14} \\ G_{21} & G_{22} & G_{23} & G_{24} \\ G_{31} & G_{32} & G_{33} & G_{34} \\ G_{41} & G_{42} & G_{43} & G_{44} \end{bmatrix}\begin{bmatrix} z(1+\Delta y) \\ z(\Delta y) \\ z(1-\Delta y) \\ z(2-\Delta y) \end{bmatrix} \quad (2-9)$$

式中，G_{ij} 为像素点 ij 的灰度值。双三次卷积法内插精度比较高，但运算量较大。

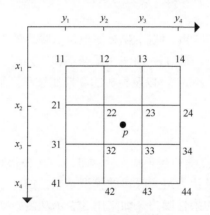

图 2.5　双三次卷积内插法

3）最近邻内插法

最近邻内插法是把距离内插点 p 最近的像元 N 的灰度值 $G(N)$ 赋给 p 点的灰度值 $G(p)$，即

$$G(p)=G(N) \quad (2-10)$$

式中，N 为最临近点，其影像坐标值为 $\begin{cases} x_i=取整(x_p+0.5) \\ y_i=取整(y_p+0.5) \end{cases}$。与上述两种内插方法相比，该方法的最大优点是运算量小，但内插精度较低。

除以上主要的辐射校正和几何校正外，还有其他因素导致的遥感影像畸变。由于不是主要因素，因此在不影响遥感影像应用情况下不需进行校正。遥感影像经过辐射校正和几何校正等预处理后即可进行影像的各种分析、解译等处理。

2.2　SAR 影像预处理

合成孔径雷达（synthetic aperture radar，SAR）成像是主动式遥感成像，由于它成像时不受时间、天气、目标范围的影响，并能远距离获得实时高分辨率图像数据，因此，目前已成为空间对地观测系统的主要探测手段，同时也被广泛地应用在军事和民用领域。与被动式遥感获取的图像相比，SAR 图像在成像过程会受到大量斑点噪声的影响，且它们的存在会进一步影响图像的边缘检测、图像分割、目标检测与识别等图像处理的后续工作。因此对 SAR 图像除需进行前述各向预处理外，还需要进一步进行斑点噪声的抑制，这也是对 SAR 图像特征提取的关键。

根据斑点噪声模型特点，抑制 SAR 影像斑点噪声的方法主要有：Frost 滤波（贾惠珍和王同罕，2011）、Lee 滤波（岳春宇和江万涛，2012）、Gamma MAP 滤波（Deledalle et al.，2009），以及经典的高斯滤波和维纳滤波。本书主要讨论前三种滤波算法。

2.2.1　斑点噪声模型

由于 SAR 影像斑点噪声越是均匀区域被斑点污染得越厉害，在影像上表现得越亮，因此研究人员认为斑点噪声的模型是乘性的，根据这个观点，斑点噪声可以表示成非相关的乘性噪声。如果用 g 表示观测数据，f 表示去除斑点噪声后的数据，n 表示与 f 相对独立的斑点噪声随机变量，则 SAR 图像观测数据就可表示为（周建民和何秀凤，2006）：

$$g = f \cdot n \tag{2-11}$$

因为斑点噪声来自于回波信号中均值等于 0、标准差独立于图像场景的随机相位干扰，因此斑点噪声服从均值 μ 等于 1、方差是 σ_μ^2 的指数分布（徐新等，2000）。若在单视数情况下，可求解出其标准差的理论值 $\sigma_\mu \approx 0.5227$，相对标准差 $R_v = 0.5227$；若在多视数情况下，斑点噪声会随有效视数 L_E 的增加而趋于高斯分布，与标准差 σ_μ 唯一相关的是图像视数，因此相对标准差可表示成（Witkin，1983）：

$$R_v = \frac{\sigma_\mu}{\mu} = \frac{\sigma_\mu}{\sqrt{L_E}} = \frac{0.5227}{\sqrt{L_E}} \qquad (2\text{-}12)$$

2.2.2 斑点噪声的统计性质

对于单视图像，其斑点噪声的幅度 A 服从高斯分布，亮度 u 服从指数分布。如果用 $\bar{u}$ 表示 u 的均值，则对亮度而言，其分布函数可表示为

$$P(u) = \frac{1}{\bar{u}} e^{u\sqrt{u}} \qquad (2\text{-}13)$$

而事实上，最终获取的 SAR 图像像素表示场景的反射强度。若用 t 表示图像上任意一点，$R(t)$ 表示理想的图像亮度，它反映目标的反射特性，$U(t)$ 表示降质模型。$U(t)$ 与 $R(t)$ 是统计独立的。则图像亮度可以表示为

$$I(t) = R(t)U(t)$$
$$t = (x, y) \qquad (2\text{-}14)$$

2.2.3 斑点噪声去除方法

1. Frost 滤波

Frost 滤波是假设目标反射特性能够应用观察图像与系统脉冲响应的卷积进行估算，因此其滤波表达式可以表示成：

$$m(t) = \exp(-KC_I^2(t_0)|t|) \qquad (2\text{-}15)$$

式中，K 为常数；t_0 为待处理的像素点；$C_I(t_0)$ 为标准方法。由此可知，若 $C_I(t_0)$ 较大，则 $m(t)$ 趋于保持原来被观察的像素值；若 $C_I(t_0)$ 较小，则 $m(t)$ 等价一个低通滤波器，能够有效平滑掉均匀场景中的噪声。

2. Lee 滤波

Lee 滤波方法是首先将乘性噪声进行对数变换近似成为线性模型，然后再按照最小均方误差准则而获得的，因此 Lee 滤波器可表示成：

$$\hat{R}(t) = \bar{I}(t) + [I(t) - \bar{I}(t)]W(t) \qquad (2\text{-}16)$$

$$W(t)=1-\frac{C_{U(t)}^2}{C_{I(t)}^2} \qquad (2\text{-}17)$$

式中，$\hat{R}(t)$ 为去斑后的图像值，即式（2-14）中 $R(t)$ 的估值；$\bar{I}(t)$ 为 $I(t)$ 的均值；$W(t)$ 为权函数；$C_{U(t)}$，$C_{I(t)}$ 分别为斑点 $U(t)$ 和图像 $I(t)$ 的标准方差系数。

3. Gamma MAP 滤波

如果图像的概率密度函数 P_f 的先验知识已知，则应用最大后验概率（MAP）滤除斑点噪声时，需要首先获得图像概率密度函数 P_f 的 Gamma 分布，从而获得 Gamma MAP 滤波器的表达式：

$$R(t_0)=\begin{cases} \bar{I}(t_0) & C_I(t_0)<C_U \\ \dfrac{(\alpha-L-1)\bar{I}(t_0)+\sqrt{(\alpha-L-1)^2\bar{I}(t_0)^2+4\alpha\bar{I}(t_0)}}{2\alpha} & C_U \leqslant C_I(t_0) \leqslant C_{\max} \\ I(t_0) & C_I(t_0)>C_{\max} \end{cases}$$

$$(2\text{-}18)$$

$$C_{\max}=\sqrt{2}C_U, \quad \alpha=\frac{1+C_U^2}{C_I^2-C_U^2}, \quad C_U=\frac{1}{\sqrt{L}}, \quad C_I=\sqrt{\frac{V}{I}}$$

式中，L 为图像的有效视数；V 为滤波窗口内像素的方差；I 为滤波窗口内像素的均值。而对每一幅图像，在滤波窗口内每个像元的灰度值均取平方，滤波后的结果则取平方根。

上述三种 SAR 图像滤波方法均是在空域中进行滤波，由文献（Koenderink and Jan，1984）可知，在这三种滤波方法中 Frost 滤波方法对均值保持的最好，有效视数最大，这反映了图像边缘细节部分保持的比较好，去斑点噪声能力较强，但其缺点是相对标准差最小，这说明了图像灰度动态范围比较小，图像细节损失多，对 SAR 图像的分割和分类是非常不利的；Lee 滤波均值保持次之，有效视数次之，其相对标准差与原始图像最接近，这反映图像细节获得较好的保留，图像斑点噪声获得有效的抑制，且对 SAR 图像的分割与分类较有利；而 Gamma-MAP 滤波均值偏离原图像最远，有效视数和相对标准差都是最次的，滤波效果也最不明显。图 2.6 分别显示采用上述滤波方法处理结果。

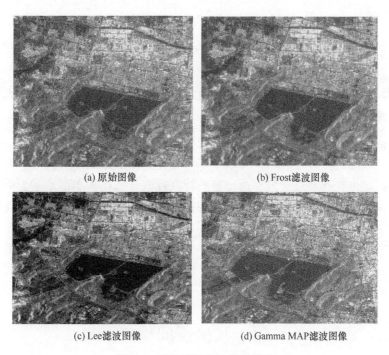

(a) 原始图像   (b) Frost滤波图像

(c) Lee滤波图像   (d) Gamma MAP滤波图像

图 2.6　各种滤波方法处理结果

2.3　本　章　小　结

　　本章主要阐述遥感图像发生畸变的原因。总结归纳了遥感图像辐射畸变与几何畸变的校正方法以及 SAR 图像的斑点去除方法。辐射校正主要包括：传感器光学镜头的不均匀性导致的辐射畸变校正；光电转换系统的特性导致的辐射畸变校正；太阳高度角引起的辐射畸变校正，以及地形倾斜和大气的吸收与散射导致的辐射畸变校正。几何畸变校正主要包括：由传感器外方位元素导致的几何畸变校正；地形起伏导致的几何畸变校正；大气折射导致的几何畸变校正；地球曲率和地球自转导致的几何畸变校正等。根据遥感图像产生的畸变原因，选择不同的校正方法，为遥感图像的后续处理提供可靠的数据资料。

第3章　集成局部互补不变特征的提取与描述

根据遥感影像应用的目的和辐射畸变与几何畸变产生的不同原因，选择合适的校正方法进行预处理后即可进行配准工作。而图像配准的关键步骤就是特征提取，这也是其难点部分。而已有的特征提取与描述基本都是基于单一特征进行图像特征提取与描述，这样获得的特征矢量虽然在某些方面性质较强，但是在其他方面的性质就表现的较弱。因此，本章将围绕特征提取与描述进行研究，最后提出一种集成具有局部互补不变性的特征描述符。该描述符不仅能够减少描述符建立时间，而且能够增强不变特征的仿射不变性，使其对局部不变特征的描述更准确。

3.1　尺度空间构建

在视觉信息处理模型中引入一个被视为尺度的参数，通过连续变化尺度参数获得不同尺度下的视觉处理信息，然后综合这些信息以深入挖掘图像的本质特征。尺度空间的生成目的是模拟图像数据多尺度特征。

尺度空间理论是多尺度图像表示的框架（周建民和何秀凤，2006），其基本思想是对自然界中的目标，在不同观测尺度下导致的对目标特性的感知差异。早期金字塔是尺度表示的主要形式。图像金字塔的构建一般分两步进行：首先，利用低通滤波器将图像进行平滑处理，然后，对得到的平滑图像实行降采样，最后得到一组尺寸依次减小的图像。图像金字塔化的优点是能高效地对图像进行多尺度表达，尤其在计算复杂度方面，但是它也具有不可克服的缺点即理论基础不充分，不能对图像的各种尺度进行分析。1983 年，Witkin（1983）采用一系列单参数、宽度递增的高斯滤波器对原始信号进行滤波获得一组低频信号，由此提出信号的尺度空间表达。Koenderink 和 Jan（1984）、Lindeberg（1994）、Florack 等（1992）采用准确的数学形式按照不同方法均证明尺度变换的唯一变换核是高斯核。由不同高斯核构成的尺度空间是规范的和线性的，且满足平移不变性、尺度不变性、旋转不变性等。尺度可变高斯核函数表达式为

$$G(x, y, \sigma) = \frac{1}{2\pi\sigma^2} e^{-\frac{(x^2+y^2)}{2\sigma^2}} \tag{3-1}$$

尺度空间即表示经过平滑得到的，可以用 (x, y, σ) 描述的空间，其中 (x, y) 是位置参数，σ 是尺度参数。在应用不同尺度的函数对同一图像进行平滑滤波时，获得的一系列图像即是原始影像相对于该函数的尺度空间，此时 σ 是尺度空间坐标。则二维图像的尺度空间定义为

$$L(x, y, \sigma) = G(x, y, \sigma) * I(x, y) \tag{3-2}$$

式中，$I(x, y)$ 为一幅二维图像；"$*$" 为卷积运算。

图像的局部特征可以在尺度空间中采用不同的微分算子（如 DOG、Hessian 矩阵等）进行检测，如角点、"斑状"点、边缘等，且在不同尺度下检测到的特征是不同的。

为有效地在给定的尺度空间内检测到稳定的特征点，Lowe（2004）提出在 DOG 尺度空间进行极值点的寻找。DOG 算子为尺度归一化高斯拉普拉斯（Laplacian of Gaussian，LOG）算子的近似表示，采用不同尺度的高斯差分核与图像卷积即可生成 DOG 尺度空间影像，其数学表达为

$$\begin{aligned} D(x, y, \sigma) &= [G(x, y, k\sigma) - G(x, y, \sigma)] * I(x, y) \\ &= L(x, y, k\sigma) - L(x, y, \sigma) \end{aligned} \tag{3-3}$$

3.2　局部不变特征提取

局部不变特征的尺度不变性是基于图像多尺度表示及自动尺度选择，用数学公式表达为

$$F_D[I(x, y)] = F_D[T(I(x, y))] \tag{3-4}$$

式中，$I(x, y)$ 为图像函数；F_D 为在图像局部邻域 D 上的特征函数；T 为图像发生的各种变换。若特征函数对变换满足式（3-4），则特征函数 F_D 对变换 T 具有不变性时提取的特征是局部不变特征，且特征不变的自由度取决于 T 的自由度。

3.2.1　局部不变特征变换

1）局部不变特征性质

（1）局部性。为避免遮挡和方便采用简单的变换模型，对图像间的变换进行近似建模，局部不变特征必须具有局部性。

（2）区分性。为便于区分不同的特征，局部不变特征应具有较大的灰度或色度模式变化。

（3）重复性。在相同场景或目标而成像条件不同的情况下，提取的图像局部不变特征则应该是相同的。

（4）鲁棒性。局部不变特征的提取和矢量化应对图像噪声和模糊等不敏感。

（5）精确性。无论在空域、尺度域还是在形状域上局部不变特征都能够被精确定位。

（6）不变性。对特征检测和描述变化局部不变特征应具有不变性。

2）几何变换

作用于图像平面空间坐标（孙浩等，2011）的几何变换的数学表达形式是

$$(x', y', 1)^{\mathrm{T}} = H(x, y, 1)^{\mathrm{T}} \tag{3-5}$$

式中，H 为变换矩阵。常见的几何变换及其性质如表 3.1 所示。

表 3.1　常见的平面几何变换种类及其性质

变换类别	变换矩阵	自由度	不变量
欧氏距离变换	$\begin{bmatrix} r_{11} & r_{12} & t_x \\ r_{21} & r_{22} & t_y \\ 0 & 0 & 1 \end{bmatrix}$	3	距离 面积
相似变换	$\begin{bmatrix} sr_{11} & sr_{12} & t_x \\ sr_{21} & sr_{22} & t_y \\ 0 & 0 & 1 \end{bmatrix}$	4	距离比值 角度
仿射变换	$\begin{bmatrix} a_{11} & a_{12} & t_x \\ a_{21} & a_{22} & t_y \\ 0 & 0 & 1 \end{bmatrix}$	6	平行 平行线距离比 面积比
投影变换	$\begin{bmatrix} h_{11} & h_{12} & h_{13} \\ h_{21} & h_{22} & h_{23} \\ h_{31} & h_{32} & h_{33} \end{bmatrix}$	8	共线性 距离比的比值

表 3.1 中所列的四种几何变换中，相似变换是仿射变换的一种特殊情况。

3.2.2　局部不变特征提取算法

特征提取是遥感图像配准的关键步骤，也是目前配准研究的难点和热点之一。特征提取的目的是在图像中确定感兴趣的点、边缘或区域的位置。目前，局部不变特征提取算法主要有角点不变特征提取、blob 不变特征提取和区域不变特征提取算法三大类（张洁玉，2010）。下面将对以上三类算法分别进行介绍。

1. 角点特征提取算法

角点特征提取算法主要有基于图像灰度信息和基于图像边缘信息两种。前者主要有 Moravec、Harris、SUSAN 算法等；后者主要有基于小波变换的模极大值角点提取算法、基于边界曲率的角点提取算法和基于边界链码的角点提取算法，本书应用比较多的是前者，因此针对前者本书将进行详细介绍。

1）Moravec 提取算法

1997 年 Moravec 提出利用灰度方差提取特征角点（Moravec，1977），这种方法的主要思路是：将中心设置在当前像素所在位置，然后取一定大小的邻域窗口，计算在 4 个方向（水平、垂直、对角和反对角）灰度差的平方和，最小值即是该像素的角点响应值。为搜索整个图像，继续选取大小一定的窗口，最终搜索整个图像，每个窗口内角点响应最大的点被认为是特征点，其过程见图 3.1。因此，Moravec 角点就是具有最小灰度变化的局部极大值（Moravec，1981），基于灰度的特征提取方法基本上都是以该方法为基础进行研究。

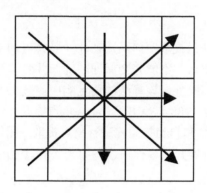

图 3.1　Moravec 特征点提取示意图

2）SUSAN 提取算法

该算法是把位于圆形窗口模板中心待提取的像素点设为核心点，在图像为非纹理情况下，将核心点邻域划分成两个区域，即亮度值与核心点亮度相等的区域，也就是核值相似区 USAN（univalue segment assimilting nucleus）和亮度值与核心点亮度不相等的区域。若核心点的 USAN 区域最小，则核心点即是角点；若核心点在边缘处，USAN 区域等价于整个面积的一半；若核心点在 USAN 区域内，则区域面积最大的就是 USAN，如图 3.2 所示。Smith 等在该原理基础上提出最小核心值相似区域（smallest univalue segment assimilating nuclues，SUSAN）（Smith and Brady，1997）的角点特征提取算法。SUSAN 算法提取的角点特征定位精度较高，省时，且该算法无需对图像进行微分运算，具有较强的抗噪声能力，且可以提取各种类型的角点。SUSAN 提取算法被应用于很多领域，如图像拼接（陈志方等，2007）、图像配准（张迁等，2004）、目标识别与跟踪（Mauricio and Geovanni，2004）等。

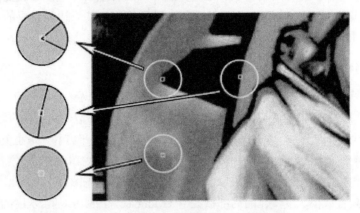

图 3.2　SUSAN 算子特征点提取示意图

3）Harris 提取算法

由于 Moravec 算法只提取窗口函数在 4 个特殊方向上移动的灰度变化，因此该算法提取的所有角点并不能完全保证准确，并且该算法对单个像素点、噪声及边缘均比较敏感。此外，该算法的角点响应函数也不具有旋转不变性。为此，Harris 和 Stephens 在 1988 年提出了 Harris 角点提取算法（Harris and Stephens，1988），该算法采用微分和自相关矩阵进行角点提取。图像的结构特征能够应用局部像素点的泰勒二阶展开式进行描述，如式（3-6）所示：

$$I(x_0 + \Delta x) \approx I(x_0) + \Delta x^{\mathrm{T}} \nabla I(x_0) + \Delta x^{\mathrm{T}} H(x_0) \Delta x \tag{3-6}$$

式中，$\nabla I(x_0)$ 为图像一阶微分；$H(x_0)$ 为 Hessian 矩阵，表示图像二阶微分。Harris 算法就是采用含有一阶微分的自相关矩阵进行角点提取，自相关函数反映某像素点邻域的梯度分布情况。令 λ_1 和 λ_2 在某个像素点处自相关矩阵 M 的特征值，则 λ_1 和 λ_2 与局部自相关函数的主曲率呈正比。如果两个主曲率同时都很大时，则局部自相关函数出现峰值，该函数值增大且与窗口移动方向无关，此时该区域即被认为是角点区域。自相关矩阵如下：

$$M = g(\sigma_D) * \begin{bmatrix} I_x^2(x,\sigma_D) & I_x I_y(x,\sigma_D) \\ I_x I_y(x,\sigma_D) & I_y^2(x,\sigma_D) \end{bmatrix} \tag{3-7}$$

式中，$I_x(x,\sigma_D)=\dfrac{\partial}{\partial x}g(\sigma_D)*I(x); \ g(\sigma)=\dfrac{1}{2\pi\sigma^2}e^{\frac{x^2+y^2}{2\sigma^2}}$。为提取角点，Harris 算法构造一个角点度量公式，即式（3-8）。当该式值（cornerness）大于某一给定的阈值时，则相应的像素点即被认为是 Harris 角点。有

$$cornerness = det(M) - mgtrace(M) \qquad (3-8)$$

Schmid 等（2000）对 Harris 算子进行比较，结果表明 Harris 角点重复率比较高，信息量也较大。其优点有以下几个方面：①计算简单，由于 Harris 算子仅用到灰度的一阶微分，因此降低了计算的复杂度；②Harris 算子需计算图像中所有点的响应值，然后在邻域中选出最优点。Schmid 等（2000）表明，在纹理信息较丰富的区域，Harris 算子可以提取出大量有用的特征点；③Harris 算子对于图像发生旋转、平移、灰度、噪声等变换具有一定的不变性。

以上这些优点使 Harris 算子被提出后迅速被很多学者广泛应用到各种领域，如图像配准（王阿妮等，2009；冯宇平等，2009）、目标识别（陈宇波等，2007）、运动跟踪（谭园园等，2007；刘闯等，2008）等，并且获得理想的效果。但 Harris 的最大缺点是对尺度变化较敏感，因此给具有尺度变化的图像间匹配带来了较大困难。幸运的是近年来一些研究者对该算子应用于具有尺度变换、视点变化的图像时，为提高其定位性、抗噪性和可重复性等，对该算法进行改进，从而使该算子应用范围更广。

4）Harris-Laplace 提取算法

由于 Harris 算子不具有尺度不变性，因此在应用式（3-8）进行角点 cornerness 值计算时，首先需要建立尺度空间，然后在尺度空间内对每幅图像的角点 cornerness 值进行计算，最终得到一系列 Harris 点。通常情况下，图像的某个局部结构一般处于一个尺度范围内，当在不同尺度下进行 Harris 点提取后，会产生同一个局部结构被多个位置和尺度相似的特征点同时表示的现象，导致较多冗余点产生，这种现象会导致后续匹配不仅繁琐而且容易出现很多错误。为了提高 Harris 算子对具有尺度变化的图像间匹配的有效性，必须寻找一种在图像发生尺度变化时，可以自动判断该图像指定的局部结构所在的尺度，即判断出指定的局部结构的特征尺度算法。为此，Mikolajczykk 和 Schmid（2001）提出了 Harris-Laplace 特征提取算法，该算法是把 Harris 算子与高斯拉普拉斯函数结合起来进行特征提取。在局部结构中的整个尺度空间内，应用该算法时，在使 LOG 函数获得极值时所在的尺度作为该局部结构的空间特征尺度。Mikolajczyk（2002）已经具体论述应用 LOG 函数作为选择空间特征尺度的原因。

Harris-Laplace 算法提取特征点的具体步骤是:

(1) 应用 Gaussian 函数对图像做卷积运算,获得 Gaussian 尺度空间;

(2) 在 Guassian 尺度空间的所有图像中提取 Harris 角点;

(3) 从所有 Harris 特征点中选择使 LOG 函数获得局部极值的点作为最终的特征点(Lindeberg,1998)。经过上述步骤提取的特征点最明显的特征就是具有尺度不变性,而且同时具有平移不变性和旋转不变性,在光照与小范围视角变化方面也具有一定的稳定性。从某种意义上可以说,Harris-Laplace 算子提取到具有特征尺度的特征点的概率较大,该特性使 Harris-Laplace 算子对存在较大分辨率差异的图像间匹配成为现实(李伟生等,2011)。

2. blob 特征提取算法

blob 不变特征提取主要是利用 LOG 算子获得,目前,主流方法有尺度不变特征变换(scale invariant features transform,SIFT)、Hessian 和 Hessian-Laplace 等提取算法。之所以称为 blob 不变特征是因为 LOG 算子是典型的圆形对称的各向同性算子,因此由它提取到的特征均为 blob。

LOG 算子是将 Gaussian 平滑和 Laplacian 锐化相结合的一种滤波器,它最初来源于 Marr 视觉理论中的边缘提取理论(Marr and Hildreth,1980)。为实现对噪声较大程度的抑制,该算法首先利用 Gaussian 滤波器对输入图像进行平滑处理;然后再应用 Laplacian 滤波器对图像进行锐化处理。LOG 算子是通过对 Gaussian 函数求二阶微分获得的,其表达式如式(3-9),将该表达式记为 $\nabla^2 G$:

$$\nabla^2 G = \frac{1}{\pi\sigma^4}\left(\frac{x^2+y^2}{2\sigma^2}-1\right)e^{-\frac{x^2+y^2}{2\sigma^2}} \tag{3-9}$$

1)Hessian 提取算法

Hessian 提取算法是基于 Hessian 矩阵,该矩阵的行列式和迹的度量具有较好性质,在用于局部特征提取时二者都可以提取出图像中的 blob 结构(Marr and Hildreth,1980)。Hessian 矩阵定义式如下:

$$H = \begin{bmatrix} I_{xx}(x,\sigma_D) & I_{xy}(x,\sigma_D) \\ I_{xy}(x,\sigma_D) & I_{yy}(x,\sigma_D) \end{bmatrix} \tag{3-10}$$

式中,I_{xx}、I_{xy}、I_{xy} 和 I_{yy} 为利用高斯卷积后,并对该图像进行二阶微分运算获得的。Hessian 矩阵反映图像的局部结构情况，所以采用该矩阵能够提取出图像的局部不变特征，经常采用的方法有：首先判断图像中某点相应的 Hessian 矩阵的行列式或者迹在邻域内是否是极值，如果不是极值则舍弃，否则作为特征点进行保留。其中 $L=I_{xx}+I_{yy}$ 就是矩阵迹的表达式，也就是 LOG 算子。Hessian 矩阵被 Ter Haar Romeny 和 Schmid 分别进行过深入研究，并被应用于局部不变特征提取和描述（Romeny et al.，1994；Schmid and Mohr，1997），且获得理想的结果。

Hessian 算子的不足之处是与 Hessian 一样不具有尺度不变性。为了将 Hessian 算子改进成具有尺度不变性的 Hessian-Laplace 算子，研究者借鉴已有的 Harris-Laplace 算子经验对其进行改进，并获得理想的效果。下面本书将详细介绍 Hessian-Laplace 提取算法原理。

2）Hessian-Laplace 提取算法

尺度归一化的 LOG 算子，即 $\sigma^2 \nabla^2 G$ 被 Lindeberg 于 1994 年证明具有尺度不变性（Lindeberg，1994），而后，该算子被 Mikolajczyk 进一步证明能够提取出图像中比较稳定的特征，且其性能比梯度、Hessian 矩阵，以及 Harris 角点函数更优越的性能。于是 Mikolajczyk 和 Schmid 根据 Harris-Laplace 的经验，提出了 Hessian-Laplace 算子（黄祖伟，2007）。但是二者的不同之处是提取特征点的手段不同，Hessian-Laplace 算子运用的是二阶微分，Harris-Laplace 算子运用的是一阶微分；二者的共同之处是都运用了 LOG 函数来选择图像局部结构的特征尺度，使提取到的特征点具有尺度不变性，且 Hessian-Laplace 算子对相似变换也具有不变性。

3）SIFT 特征提取算法

在求取 $\sigma^2 \nabla^2 G$ 函数的极值时需要求取二阶微分，所以运算量比较大。由于利用 $\sigma^2 \nabla^2 G$ 函数的极值能够提取出图像稳定的特征点，且也可以获得图像局部结构的特征尺度，因此，Lowe（1999）在前人研究的基础上，提出运用一种近似于 $\sigma^2 \nabla^2 G$ 的 Gaussian 差分算子（DOG）的 SIFT 算法。该算法能够将 blob 特征提取和特征矢量生成、特征匹配搜索等一系列步骤完整地结合起来进行优化，从而达到近似实时的运算速度。有研究者（Heymann et al.，2007）已经在专用图形处理器 GPUs（graphical processor units）验证了 SIFT 算法运算的实时性，有研究者运用 FPGA（Se et al.，2001，2004）也验证了 SIFT 算法的实时运算性。由于该算法是本书讨论的重点，因此本书将该部分单独成为一节，在 3.3 节中讨论。

3. 区域特征提取算法

区域不变特征提取是指运用这类算法能够直接提取出图像的局部不变特征区域，而不是孤立的特征点，该算法也是图像处理领域中的传统研究方向。与blob 特征提取方法不同，本书讨论的区域特征提取方法适用于提取各种不同形状的图像区域，而且由于对提取的区域进行了旋转和尺度归一化处理，因此可以实现提取区域特征的仿射不变性。该方法更优越的一面是，对区域提取算法采用一定的加速措施，如利用 FPGA（Kristensen and Maclean，2007），能够达到近似实时的计算效果。

一种区域特征提取算法对图像中同类区域的提取过程一般分三步进行：首先提取具有相同性质的区域同时进行连接和标记；然后将提取到的不规则区域拟合成一个近似椭圆的区域；最后对获得的椭圆区域进行仿射归一化处理，采用旋转和缩放椭圆区域图像，将其映射到一个指定尺寸的区域。目前采用比较多的特征提取方法主要有 Harris-Affine、Hessian-Affine、基于边缘区域（edge-based regions，EBRs）、基于密度极值区域（intensity extrema-based regions，IBRs）、显著性区域（salient regions）和最大极值稳定区域（maximally stable extremal regions，MSER），本部分仅对前面几种方法进行一般性讨论，而对本书用到的 MSER 方法将在 3.3 节进行详细讨论。

1）Harris-Affine/Hessian-Affine 区域特征提取

由 Mikolajczy 和 Schmid（2004a）提出的 Harris-Affine/Hessian- Affine 仿射不变区域特征提取方法是在 Harris-Laplace 方法的基础上扩展得到的（Mikolajczyk and Schmid，2004b），该算法的具体步骤如下：

（1）应用 Harris 角点响应函数或 Hessian 矩阵的行列式在空间域上提取一系列对平移、旋转、尺度，以及光照变化等具有一定不变性的特征点；

（2）应用 Haplacian 算子寻找特征点在尺度空间上的特征尺度；

（3）应用二阶矩阵的特征值和特征向量为特征点估计出仿射区域；

（4）对仿射区域进行归一化，使其成为圆形区域；

（5）提取出归一化后的特征点的空间位置和特征尺度；

（6）若归一化后特征点的二阶矩阵的特征值不相等，则返回第（3）步，重新操作。

在仿射 Gaussian 尺度空间和仿射自相关矩阵的基础上，Harris-Affine 算子提取具有仿射不变性的局部特征区域，其衡量标准是特征区域局部结构的各向异性能否转化成各向同性。

所谓图像的仿射 Gaussian 尺度空间是指由仿射 Gaussian 函数和图像进行卷积运算生成的一种尺度空间，仿射 Gaussian 函数表达式如下：

$$g(\Sigma)=\frac{1}{2\pi\sqrt{\det\Sigma}}e^{\left(\frac{X^2\,\Sigma^{-1}\,X}{2}\right)} \tag{3-11}$$

式中，X 为二维坐标；Σ 为二维仿射 Gaussian 核。此时，自相关矩阵由式（3-7）演变成式（3-12）：

$$M(X,\Sigma_I,\Sigma_D)=\det(\Sigma_D)g(\Sigma_I)*[(\nabla L)(X,\Sigma_D)(\nabla L)(X,\Sigma_D)^{\mathrm{T}}] \tag{3-12}$$

式中，Σ_I 为积分尺度；Σ_D 为微分尺度；L 为仿射 Gaussian 尺度空间，其表达式如下：

$$L(X,\Sigma_D)=g(X,\Sigma_D)*I(X) \tag{3-13}$$

图像的仿射变换在归一化时能够采用仿射自相关矩阵进行处理，令点 X_L 由几何变换得到 X_R，因此，两处的仿射自相关矩阵存在下列关系：

$$M_L=A^{\mathrm{T}}M_RA,\qquad M_R=A^{-\mathrm{T}}M_LA^{-1} \tag{3-14}$$

令几何变换前，积分尺度矩阵和微分尺度矩阵分别表示为

$$\Sigma_{I,L}=\sigma_I M_L^{-1},\qquad \Sigma_{D,L}=\sigma_D M_L^{-1} \tag{3-15}$$

则几何变换后，积分尺度矩阵和微分尺度矩阵可以分别表示为

$$\Sigma_{I,R}=\sigma_I M_R^{-1},\qquad \Sigma_{D,R}=\sigma_D M_R^{-1} \tag{3-16}$$

进一步令仿射变换 A 表示成 $A=M_R^{-\frac{1}{2}}RM_L^{\frac{1}{2}}$，由此获得

$$X_R=AX_L=M_R^{-\frac{1}{2}}RM_L^{\frac{1}{2}}X_L \tag{3-17}$$

即

$$M_R^{\frac{1}{2}}X_R=RM_L^{\frac{1}{2}}X_L \tag{3-18}$$

由式（3-18）可知，点 X_L 和 X_R 的邻域经过 $X' = M_R^{\frac{1}{2}} X_R$、$X_L' = M_L^{\frac{1}{2}} X_L$ 变换后，区域间仅存在旋转变换 R。

2）基于边缘区域特征提取

基于边缘的区域（EBRs）特征（Tuytelaars and Gool，2004）是运用 Harris 特征点局部邻域内的边缘信息建立仿射不变性，其思想是基于以下两点：一是在仿射变换下，边缘是一种比较稳定的特征，且可以重复提取；与此相同，对图像中的角点特征也具有相似的性质。二是运用边缘的几何性质能降低问题的复杂性，如把 6 维的仿射问题降低为 1 维的边缘几何问题（Florack et al.，1992）。EBRs 的核心思想就是把角点、边缘和图像中纹理三者结合在一起，构建一种具有仿射不变性的区域。

EBRs 构建过程：首先，在给定的图像中运用 Harris 和 Stephens（1988）角点算子提取图像中的角点特征，运用 Canny（1986）算子提取图像中的边缘；然后，搜索距离边缘比较近的角点，把该角点设为锚点（anchor points），由两锚点两边的边缘上的指定点组成一个平行四边形族，继续在该平行四边形族中选择一个特定的平行四边形假设为仿射不变区域，则基于边缘的区域特征提取如图 3.3 所示。该算法的具体数学流程如下：

（1）在给定图像中，运用 Harris 算子提取 Harris 角点 $p(x,y)$，采用 Canny 边缘提取算子提取相邻边缘 $p \to p_1$，$p \to p_2$。

（2）$p_1(x,y)$，$p_2(x,y)$ 偏移 Harris 角点 $p(x,y)$ 的速度与仿射变换参数 l_1，l_2 之间存在如下关系：

$$l_i = \int \mathrm{abs}(\left| p_i^{(1)}(s_i) \cdot p - p_i(s_i) \right|) \mathrm{d}s_i \qquad i=1,2 \qquad (3\text{-}19)$$

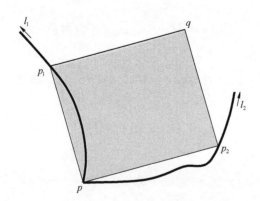

图 3.3　基于边缘的区域特征

式中，s_i为任意的曲线参数，对每个$l(l_1=l_2)$，$p(x,y)$，$p_1(x,y)$，$p_2(x,y)$均扩展成一个平行四边形区域$\Omega(l)$。

（3）$p_1(x,y)$，$p_2(x,y)$停止偏移的条件是区域$\Omega(l)$覆盖的局部图像的光度度量达到极值。

另外，根据边缘类型不同，该算法又分为基于曲线边缘区域特征和基于直线边缘区域特征，由于不是本书重点，因此本书不深入讨论。

3）基于密度极值区域特征提取

Tuytelaars 和 Gool（2004）提出密度极值区域特征 IBRs，其思想是运用图像密度分析的方法来解决图像中仿射不变性区域的搜索问题，这样可以弥补基于边缘方法的不足。该算法的基本流程是首先运用非极大值抑制对局部密度极值进行检测，以获得一个极值点，把该极值点作为中心，定义一个仿射性密度函数：

$$f_I(t)=\left|I(t)-I_0\right|\left[\max(t^{-1}\int_0^t\left|I(t)-I_0\right|\mathrm{d}t,d)\right]^{-1} \tag{3-20}$$

式中，t为沿射线的欧几里得距离；$I(t)$为t处的图像密度；I_0为局部密度极值；d为一个为防止分母为零的非零常数。$f_I(t)$在沿射线延伸的过程中获得的极值点具有几何和光照的仿射不变性。一般$f_I(t)$在密度发生突变时取得最大值。选取从密度极值点发出的每条射线，并使每条射线的$f_I(t)$获得最大值，然后连接获得最大值的位置点，最后，产生一个封闭的且具有仿射不变性的区域，如图 3.4 所示。一般由最大值点连接产生的局部仿射不变区域不具有规则性，要采用一定的措施使其具有规则性，如运用矩特征对其进行椭圆拟合。

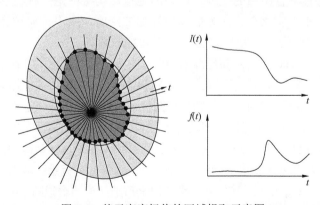

图 3.4　基于密度极值的区域提取示意图

4）显著性区域特征提取

2001 年，Kadir 和 Brady（2001）提出了显著性区域特征提取算法，并于 2004 年对其进行了改进（Kadir et al.，2004）。该算法是将图像的显著性与信息论中的信息熵关联在一起，运用信息熵进行图像局部特征区域的提取。算法具体流程是：

（1）在每个像素点 $p(x, y)$ 处，求解出以该像素点为中心，以 s 为尺度，θ 为方向，以 λ 为主轴比的椭圆区域的灰度概率密度函数 $p(I)$ 的熵。

（2）在尺度空间上搜索熵的极值，(s, θ, λ) 记为候选显著性区域，其熵的表达式为

$$H = -\sum_I p(I) \log p(I) \tag{3-21}$$

（3）对每个极值出的概率密度函数 $p(I, s, \theta, \lambda)$ 对尺度进行求偏导：

$$w = \frac{s^2}{2s-1} \sum_I \left| \frac{\partial p(I, s, \theta, \lambda)}{\partial s} \right| \tag{3-22}$$

（4）最后计算椭圆区域的显著性 $y = Hw$，且按照显著性对其进行排序，并把前 P 个区域保存为显著区域。

4. 虚拟特征提取

除上述的角点特征、blob 特征和区域特征提取之外，近年又有学者提出运用虚拟结构特征进行图像的配准。所谓的虚拟结构特征是一种在参考图像和带配准图像中并不真实存在，而为后期图像配准需要，采用扩展被提取的特征从而得到新的结构特征，一般有虚拟三角形和虚拟圆等。

Enriquec 等（2000）用从待配准的图像对中提取的边缘上的特征点构成虚拟三角形。Taylor（2002）用从待配准的图像对中提取到的直线特征根据某种规则构成虚拟三角形。康欣等（2006）用从待配准图像对中获得的点特征连接构成虚拟三角形。张继贤等（2005）则运用相似的思想得到虚拟三角形结构。Alhichri 和 Kamel（2003）提出虚拟圆结构（virtual circles）。该结构特征是这样获得的：首先从待配准图像对中提取出边缘特征，然后运用距离变换将仅含有背景区域而不包括边缘点且半径最大的圆提取出来，该圆就是准备用来后继配准的虚拟圆。由此可见，虚拟圆不是运用边缘点本身而是边缘点之间的空白区域作为配准单元。

3.3　高效特征提取算法

3.3.1　SIFT 特征提取算法

1. DOG 尺度空间及图像金字塔的建立

图像的尺度空间可以用函数 $L(x,y,\sigma)$ 来表示，该函数是由一个可变尺度的 Gaussian 函数 $G(x,y,\sigma)$ 和图像 $I(x,y)$ 进行卷积获得的。具体表达式如下：

$$L(x,y,\sigma)=G(x,y,\sigma)*I(x,y) \tag{3-23}$$

式中，"$*$"为在 x 和 y 方向上的卷积运算；$G(x,y,\sigma)$ 为可变 Gaussian 函数，其表达式为

$$G(x,y,\sigma)=\frac{1}{2\pi\sigma^2}\mathrm{e}^{-\frac{x^2+y^2}{2\sigma^2}} \tag{3-24}$$

SIFT 算法在进行图像 blob 特征提取时，采用的是对两个相邻 Gaussian 尺度空间的图像相减，获得一个 DOG 的响应值图像 $D(x,y,\sigma)$。然后又效仿 LOG 算法，对响应值图像进行局部极大搜索，从而在尺度空间和位置空间进行特征点的定位。因此 $D(x,y,\sigma)$ 的表达式为

$$\begin{aligned}D(x,y,\sigma)&=[G(x,y,k\sigma)-G(x,y,\sigma)]*I(x,y)\\&=L(x,y,k\sigma)-L(x,y,\sigma)\end{aligned} \tag{3-25}$$

式中，k 为相邻尺度空间的系数常数。

由于 DOG 算法是 LOG 算法的一个近似，因此 DOG 和 $\sigma^2\nabla^2 G$ 存在一个近似关系，该关系可以由热扩散方程获得，热扩散方程为

$$\frac{\partial G}{\partial\sigma}=\sigma\nabla^2 G \tag{3-26}$$

对式（3-26）进行有限的差分运算，则式（3-26）可以近似表达为

$$\sigma\nabla^2 G = \frac{\partial G}{\partial \sigma} \approx \frac{G(x,y,k\sigma) - G(x,y,\sigma)}{k\sigma - \sigma} \qquad (3\text{-}27)$$

$$G(x,y,k\sigma) - G(x,y,\sigma) \approx (k-1)\sigma^2\nabla^2 G$$

由式（3-27）可知，等式左边的差分算子 DOG 与 $\sigma^2\nabla^2 G$ 算子仅相差常数 $k-1$ 倍，该常数不会影响极值点的位置，即 blob 特征的中心位置。

很显然运用 DOG 代替 LOG 的优点是：①降低运算量，由于 LOG 要对两个方向进行 Gaussian 二阶微分进行卷积运算，而 DOG 则直接应用 Gaussian 卷积核；②无需重复生成给定尺度的尺度图像，DOG 可以保留各个 Gaussian 尺度空间的图像，因此，在生成给定空间尺度特征时，可直接应用式（3-11）生成的尺度空间图像；③DOG 在对 blob 特征进行提取时，同样具有比 DOH（determinant of Hessian）、Harris 和其他 blob 特征提取方法更稳定、抗噪能力更强。由于 DOG 算子是 LOG 的近似，所以与 LOG 具有相同的性质。

2. 特征点提取与精确定位

DOG 是运用建立图像的金字塔来实现特征点的提取与精确定位的，金字塔建立过程如图 3.5 所示。图 3.5（a）、（b）分别是 Gaussian 金字塔和 DOG 金字塔。图像金字塔建立过程是：首先把图像金字塔分成 O 组（octave），每一组有 S 层（level）组成，每组图像是有其相邻的上一组图像通过隔点降采样获得，这样可以减少由于卷积运算而产生大量的工作量。而 DOG 金字塔则是由每组相邻的上下两层的 Gaussian 尺度空间图像相减获得，如图 3.5 所示（Taylor，2002）。

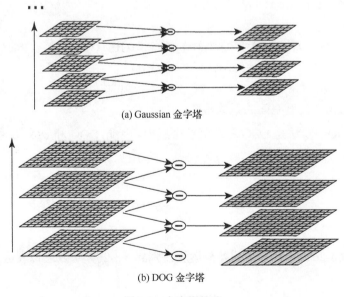

(a) Gaussian 金字塔

(b) DOG 金字塔

图 3.5　金字塔构建

则特征提取与定位的具体步骤如下所述。

（1）在 DOG 空间中（图 3.5），将图像中所有的检测点都与它同尺度 8 邻域和相邻尺度的上下 9×2=18 共 26 个点进行比较，如图 3.6 所示，如果被检测点是极值点，则该点即被选取为候补特征点。

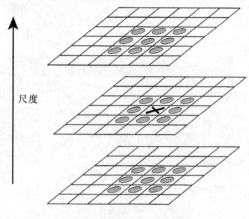

尺度

图 3.6　尺度空间极值检测

（2）特征点精确定位，由于对比度较低的点和边缘响应点对图像配准精度影响较大，因此必须去除候补特征点中对比度较低的点，以及不稳定的边缘响应点，以提高图像配准精度及稳定性。其过程是：首先获取特征点处的拟合函数：

$$D(X) = D + \frac{\partial D^{\mathrm{T}}}{\partial X} X + \frac{1}{2} X^{\mathrm{T}} \frac{\partial^2 D}{\partial X^2} X \qquad (3\text{-}28)$$

对式（3-28）进行求导获得极值点 $\hat{X} = -\left(\frac{\partial^2 D}{\partial X^2}\right)^{-1} \frac{\partial D}{\partial X}$ 与对应极值

$D(\hat{X}) = D + \frac{1}{2} \frac{\partial D^{\mathrm{T}}}{\partial X}$；然后不停修正 X 获得局部最优点，舍弃 $\left| D(\hat{X}) \right| < 0.03$ 的弱特征点，同时获得候选特征点的精确位置和尺度。

舍弃边缘点时获得特征点的 Hessian 矩阵，令特征值的和与乘积分别记为 $\mathrm{Tr}(H)$ 和 $\mathrm{Det}(H)$，而 γ 记为矩阵特征值的比值，为了检测主曲率是否小于某阈值 γ，只需检测 $\frac{\mathrm{Tr}(H)^2}{\mathrm{Det}(H)} < \frac{(\gamma+1)^2}{\gamma}$ 是否成立。Lowe 在本书中取 γ=10。这意味着对主曲率比值不大于 10 的特征点将被保留，否则，这些特征点将被舍弃。一般

γ 取 6~10。图 3.7 箭头是表示提取到的 5762 个 SIFT 特征点，图 3.8 是最终获得的 589 个稳定的特征点。

图 3.7　SIFT 算法提取特征点（彩图附后）

图 3.8　SIFT 算法提取的稳定特征点（彩图附后）

3.3.2　最大极值稳定区域（MSER）特征提取算法

在前面几节中讨论的局部不变特征提取算法大部分是对图像中的圆形或近似圆形的 blob 特征点。虽然为了提高特征提取的效率，Lowe（2004）和 Bay

等（2008）都分别提出了高效实现的 SIFT 和 SURF 算法，但是这些算法尽管具有较好的尺度和旋转不变性，却不具有仿射不变性。Mikolajczyk 和 Schmid（2005）提出的首先运用仿射不变性 Harris 算子对局部进行拟合，然后采用迭代计算求解出待提取区域的仿射变换参数，然而这种方法的计算效率不是很理想（Mikolajczyk et al., 2005）。因此，本书将讨论与 blob 特征提取方法不同的区域特征提取方法即最大极值稳定区域特征提取算法，本书简写为 MSER 算法，这也是目前最常用的区域特征提取算法。

MSER 算法是 Matas 等（2004）在探索宽基线图像匹配时，受分水岭算法思想的启发而提出的一种区域特征提取算法。而且该算法通过实验证明，不仅具有很好的稳定性、抗噪性和仿射不变性，且计算简单高效（廉蔺等，2011）。本节将深入讨论 MSER 特征提取算法。

1. MSER 定义

MSER 所采用著名的分水岭（watershed）是来源于地形学的一个术语。采用分水岭思想（Vincent and Soille，1991）是在进行图像处理时，将灰度图像假设为一个具有起伏变化的地形：地形位置类似图像位置，地形高程类似图像的灰度。如图 3.9 所示，图像处理过程类似于地形被水逐渐淹没的过程。初始图像灰度值（地形）是 0，当灰度值上升（下雨）时，灰度阈值（水位）逐渐升高。则小于灰度阈值的区域就会合并成新的区域，最终图像（地形）全部变成白色（被水淹没）。在区域合并时，灰度阈值升高一个微小量都会使连通区域的面积发生剧烈变化。

在此之前分水岭思想主要被应用在图像分割方面，研究的重点是区域合并时的水位，在此时小水坑和池塘都是在变化着的，连通水域的体积也会发生剧烈变化。MSER 原理和分水岭变换最重要的区别就是关心的水位不同，除此外，二者基本是一致的。MSER 关注的重点是稳定区域，期望找到使水域体积稳定的水位，在该水位上形成的水域面积是最稳定的。

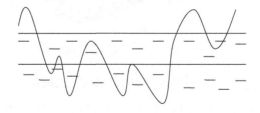

图 3.9　MSER 漫水过程

下面给出 MSER 的数学定义。

对灰度图像 I：D 是图像 Z 的二维空间在灰度级 S 的映射，如果 S 满足自反性、非对称性和传递的二值关系≤存在，并定义像素间的邻接关系 $A \subset D \times D$（如4邻域或8邻域），则就可以将图像中的区域 Q 定义为 D 上满足邻接关系 A 的连通子集，也就是对于任意的点 $p, q \in Q$，都存在一个序列：

$$p, a_1, a_2, \cdots, a_n, q \text{ 和 } p \in A(a_1), \cdots, a_i \in A(a_{i+1}), \cdots, a_n \in A(q)$$

区域 Q 的边界 $\partial Q \notin Q$，但是至少与 Q 中一个像素满足邻接关系的点集，也就是满足 $\partial Q = \{q \mid q \in D - Q, \exists p \in Q, qAp\}$。

对于区域 $Q \subset D$ 和其边界 ∂Q，如果满足 $\forall p \in Q$ 和 $\forall q \in \partial Q, I(p) > I(q)$ 恒成立，则称 Q 为极小值区域。

将一组具有互相嵌套关系的极值区域记为序列 $Q_1, Q_2, \cdots, Q_{i-1}, Q_i, \cdots$，即 $Q_{i-1} \subset Q_i$。如果 Q_i 的面积变化率 $q(i)$ 被表示为

$$q(i) = \frac{|Q_{i+\Delta} - Q_{i-\Delta}|}{|Q_i|} \tag{3-29}$$

式中，当在 i 处取得局部最小值，则称 Q_i 为最稳定极值区域；Δ 为阈值的微小变化；"$|\cdot|$" 为区域面积（即区域覆盖的像素的总个数）。Q_i、$Q_{i+\Delta}$、$Q_{i-\Delta}$ 及 ∂Q_i 之间的关系可以用图 3.10 表示。

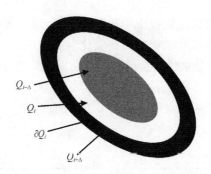

图 3.10　Q_i、$Q_{i+\Delta}$、$Q_{i-\Delta}$ 及 ∂Q_i 关系

由上述 MSER 定义可知，所谓的极值区域（extremal region）Q 是一个相互连接的像元集合（可取 4 邻域或 8 邻域），该集合具有的一种性质是对集合中的所有像元的灰度值必须大于或小于包围该区域的所有像元密度值。则所谓 MSER 就是指在给定灰度阈值 i 时，区域内像元的个数变化是最小的。如果图像随着该阈值从 255 变化到 0，则其二值化图像由全黑变化到全白。

2. MSER 特征提取

MSER 采用高效的桶排序（binsort）算法对像素进行排序，使用并查集（unionfind sets）（Murphy and Trivedi，2006）算法维护相连区域的标签和像素所覆盖的区域面积，从而提高该算法的计算效率。其中，桶排序算法的复杂度为 $Q(n)$，并查集算法复杂度为 $O[n\log(\log(n))]$，因而 MSER 算法具有近似线性的复杂度，进行特征提取时效率就比较高，从而满足某些实时应用需求。

MSER 特征提取步骤：

（1）利用桶排序法对给定的图像依据其灰度值（一般是 0~255）进行排序，并从 0 开始标上标签。若所给图像是彩色图像，首先要把彩色图像转换成灰度图像。

（2）按照一定的顺序将第（1）步中排好的像素区域重新放回图像中，然后把像素区域的标签和面积连接起来，并使用效率较高的并查集算法来维护。

（3）用 Q_i 表示在给定阈值的二值图中的任意连通区域，若给定的阈值在 $[i-\Delta, i+\Delta]$ 之间发生变化，则对应的连通区域 Q_i 也随之变化为 $Q_{i+\Delta}$ 与 $Q_{i-\Delta}$。如果在这个过程中具有变换率 $q(i)$ 存在极小值，该极小值对应的区域就是 MSER 特征区域。

MSER 特征提取算法包含最亮和最暗两种提取过程，这样能够保证同时提取到图像中的极大值区域和极小值区域。其中最亮提取过程是从原始图像中直接提取极大值区域，依据其面积变化率确定正向最稳定极值区域，记为 MSER＋，如图 3.11（a）所示（廉蔺等，2011）。最暗提取过程首先对原始图像进行灰度值反转：$f_{反转} = f_{\max} - f$，提取反转图像中的最稳定极值区域，记为 MSER－，如图 3.11（b）所示。一般使用最亮和最暗两种提取过程能够比较稳定地提取图像中对应目标的候选匹配区域，最终在原始图像和输出图像中提取到最稳定极值区域，并分别记为 R_1^i、R_2^j。但是这样的区域是不规则的，为后期描述方便，要进一步使用椭圆拟合算法，把不规则 MSER 区域拟合成规则的椭圆区域。

3. MSER 椭圆拟合

在完成上述步骤后获得的 MSER 区域是不规则的，如图 3.12 黑色区域，这种不规则的区域对归一化和特征矢量生成是很不方便的，因此对这样的区域必须进行椭圆拟合处理。选择椭圆拟合的理由是：对于一个区域的重要信息是其位置、大小和方向，而椭圆恰恰就能有效反映这些信息。令椭圆中心与 MSER 区域重心重合，则椭圆的长轴和短轴分别通过区域的重心，而相对两个轴的二阶中心矩在这两轴方向上分别达到最大值和最小值。

 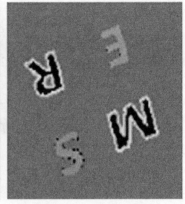

(a) MSER+ (b) MSER−

图 3.11　MSER 正反向提取结果

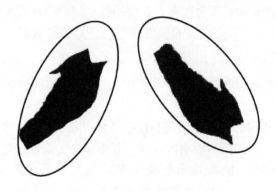

图 3.12　MSER 椭圆拟合

　　将图像中提取到不规则的 MSER 区域拟合成椭圆，需要用到有关图像矩的相关概念，因此有必要介绍图像矩的相关概念。

　　1962 年 Hu 最早系统地提出了关于图像矩和基于矩不变方法。图像矩已被证明为是一种非常有效的形状描述器（Teague，1980）。下面就针对图像矩的相关概念进行简单讨论。

　　对图像 $I(x,y)$ 给定区域 Q，则其 $(p+q)$ 阶二维几何矩的定义式为

$$M_{pq} = \sum_x \sum_y x^p y^q \cdot I(x,y) \qquad p,q=0,1,2,\cdots \qquad （3\text{-}30）$$

该式反映出矩和区域是一一对应的。

　　因为 MSER 是一种离散的二值化区域，所以在区域内像元值均是 1，在区域外像元值均是 0，因此式（3-30）图像区域 $(p+q)$ 阶几何矩改写为

$$M_{pq} = \sum_x \sum_y x^p y^q \qquad (3\text{-}31)$$

本书主要讨论以下几个低阶矩。

1）几何 0 阶矩 M_{00}

$$M_{00} = \sum_x \sum_y I(x, y)$$

该式表示给定的 MSER 的面积，即密度值等于 1 的像元数。

2）几何一阶矩 M_{01} 和 M_{10}

$$M_{01} = \sum_x \sum_y y I(x, y), \quad M_{10} = \sum_x \sum_y x I(x, y)$$

经过规范化计算获得给定的 MSER 的中心位置：

$$\overline{x} = \frac{M_{10}}{M_{00}}, \quad \overline{y} = \frac{M_{01}}{M_{00}} \qquad (3\text{-}32)$$

3）中心二阶矩

中心二阶矩 $U_2 = \begin{bmatrix} \mu_{20} & \mu_{11} \\ \mu_{11} & \mu_{02} \end{bmatrix}$。将原点移动至给定 MSER 的重心同时进行计算，就能够获得需要的中心矩阵：

$$\mu_{20} = \sum_x \sum_y (x - \overline{x})^2 I(x, y)$$
$$\mu_{11} = \sum_x \sum_y (x - \overline{x})(y - \overline{y}) I(x, y) \qquad (3\text{-}33)$$
$$\mu_{02} = \sum_x \sum_y (y - \overline{y})^2 I(x, y)$$

在椭圆区域拟合时，用长轴方向 θ 表示 MSER 方向，用长半轴 w 和短半轴 l 表示 MSER 的形状，如图 3.13 所示。θ、w 和 l 利用图像的中心二阶矩阵 U_2 能够比较容易获得（Teague，1980）

$$w = \sqrt{\frac{\lambda_1}{M_{00}}}, \quad l = \sqrt{\frac{\lambda_2}{M_{00}}}, \quad \theta = \frac{1}{2}\arctan\left(\frac{2\mu_{11}}{\mu_{20} - \mu_{02}}\right) \qquad (3\text{-}34)$$

式中，λ_1 和 λ_2 分别为二阶矩阵 U_2 的两个特征值，其表达式分别为

$$\lambda_1 = \frac{(\mu_{20} + \mu_{02}) + \sqrt{\left[(\mu_{20} - \mu_{02})^2 + 4\mu_{11}^2\right]}}{2}$$

$$\lambda_2 = \frac{(\mu_{20} + \mu_{02}) - \sqrt{\left[(\mu_{20} - \mu_{02})^2 + 4\mu_{11}^2\right]}}{2}$$

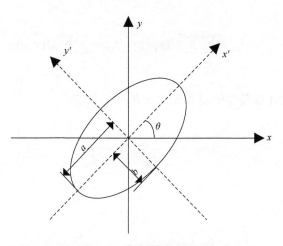

图 3.13　椭圆选择示意图

式（3-34）虽然表面很复杂，但实际证明过程很简单。求二阶对称矩阵的特征值实质就是坐标变换过程，令副对角线元素为 0：

$$x' = x\cos\theta - y\sin\theta, \quad y' = x\sin\theta + y\cos\theta$$

则获得对应的目标坐标系下的二阶矩阵 U'：

$$\mu'_{20} = \cos^2\theta\mu_{20} + \sin^2\theta\mu_{02} - \sin\theta\mu_{11}$$

$$\mu'_{02} = \sin^2\theta\mu_{20} + \cos^2\theta\mu_{02} + \sin\theta\mu_{11}$$

$$\mu'_{11} = \frac{1}{2}\sin 2\theta(\mu_{20} - \mu_{02}) + \cos 2\theta\mu_{11}$$

令 μ'_{11} 为 0，则可以运用上式求解出方向角 θ，然后代入 μ'_{20} 和 μ'_{02} 则获得矩阵的特征值。

图 3.14 是 MSER 区域椭圆拟合结果实例。图 3.14（a）图像的 MSER 区域，图 3.14（b）则是通过椭圆拟合得到的椭圆拟合区域。

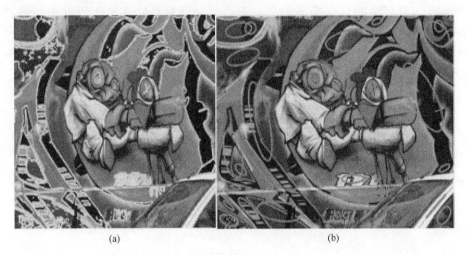

（a）   （b）

图 3.14　MSER 区域和椭圆拟合示意图（彩图附后）

4. MSER 区域规范化

经过上述步骤获得的 MSER 椭圆区域虽然具有较强的仿射不变性，但是由于对同一场景的两幅图像若存在仿射变换，则提取的仿射不变区域会存在扭曲变形、尺度大小和旋转方向上的不同，因此对这样的区域必须采用规范化方法（Pei and Lin，1995；Leu，1989）去除这些差异，然后使用特征描述子（如 SIFT 描述子）进行描述。MSER 椭圆区域规范化首先要将 MSER 对应的椭圆拟合区域（简称拟合区）以椭圆中心扩大 3 倍成为提取特征用的椭圆特征测量区（简称测量区），然后将测量区规范化为指定大小的区域（简称为规范化区），继续在规范化区图像上提取描述子。这样得到一系列具有仿射不变性，且对大失配影像匹配具有良好鲁棒性的特征区域。MSER 椭圆拟合规范化方程可表示为

$$a(x-u)^2 + 2b(x-u)(y-v) + c(y-v)^2 = 1 \tag{3-35}$$

由式（3-35）可知，每个 MSER 特征区域都有两个信息，分别是椭圆中心坐标（u，v）和椭圆参数（a，b，c）。

3.4　图像局部不变特征描述

局部不变特征主要是对图像的平移变换、旋转变换、尺度变换、光照变换及一定程度的视点变换均具有不变性，同时能够在较大程度上弥补原有全局特征对背景杂乱和目标遮挡等较敏感的缺点，基于此，目前在图像处理领域获得了广泛的使用。运用局部不变特征处理图像的方法其流程如图 3.15 所示。

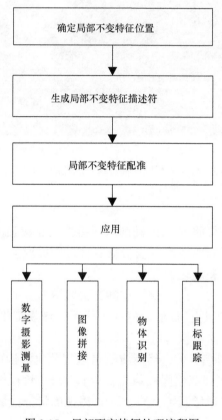

图 3.15　局部不变特征处理流程图

目前在应用局部不变特征进行图像处理的方法方面，被越来越多学者关注的热点是如何描述所提取到的局部不变特征，使其生成独特性比较高的特征描述符，然后运用这些特征描述符匹配局部特征。对于一个理想的特征描述符需要具备三个主要的特点：鲁棒性高、独特性较高及匹配速度高。鲁棒性主要是指描述符在图像发生仿射变换、密度变化和噪声影响等情况下仍能保持稳定性。独特性是指描述符具有捕获和反映特征点局部图像结构产生变化的能力。匹配速度指的是两个局部不变特征在进行相似性比较时的运算快慢，很明显，特征空间维数越低，匹配速度越快。

目前为止，研究者已经研究出多种特征描述符与相应的相似性测度。Mikolajczyk 和 Schmid（2004）通过实验证实了目前最有效的描述符是 SIFT 描述符，且 Mikolajczyk 和 Schmid（2005）中对形状上下文（Belongie et al.，2000）、可控滤波器（Freeman and Adelson，1991）、微分不变量（Montesinos et al.，1998）、矩不变性（Van Gool et al.，1996）、复数滤波器（Schaffalitzky and Zisserman，2002）、SIFT、PCA-SIFT 及 Cross-Correlation 等几种特征描述符进行分析比较，最终发现各种描述符的效果并不受提取局部特征的方法不同的影响，在许多情况下，SIFT 特征描述符在鲁棒性和独特性方面都优越于其他描述符。另外，形状上下文的原理与 SIFT 相似，因此也具有很好的性能。

由于目前描述符数量较多，而且这些描述符一般是与特征点提取一并被提出的，因此本节将不对这些描述符进行一一讨论。本节主要结合前面局部不变特征提取中讨论的 SIFT，以及本书将要用到的仿射不变矩进行讨论，并提出一种集成局部互补不变的 SIFT-AIM 描述符。

3.4.1 SIFT 特征描述符

在前面章节中已经介绍了 SIFT 特征提取算法，针对由该算法提取的特征点，为了使形成的特征矢量满足匹配需要，对其采用一定的描述符进一步准确描述，因此本节将介绍目前各方面表现都比较优越的 SIFT 描述符对提取到的特征点进行处理。

1）特征点主方向确定

为实现提取到的 SIFT 特征点具有旋转不变性，需运用提取到的特征点一定邻域内各像素点的梯度大小和方向的统计信息，以使各个特征点具有一个基准方向。对于已经提取到的特征点，该特征点的尺度值 σ 已知，则可以依据 σ 获得最逼近 σ 的高斯图像为：$L(x,y) = G(x,y,\sigma) * I(x,y)$。

对高斯图像运用有限差分，计算以特征点为中心，取一定邻域大小的窗口内的图像，其梯度的大小 $M(x,y)$ 和方向 $\theta(x,y)$ 的表达式如下：

$$M(x,y) = \sqrt{(L(x+1,y) - L(x-1,y))^2 + (L(x,y+1) - L(x,y-1))^2}$$
$$\theta(x,y) = \arctan(((L(x,y+1) - L(x,y-1)) / (L(x+1,y) - L(x-1,y)))) \tag{3-36}$$

运用式（3-36）计算以特征点为中心的一定大小的窗口内图像的梯度和方向信息后，采用直方图统计方法统计指定邻域内像素的梯度大小和方向信息。

梯度直方图是在0°~360°范围，以每10°为一个方向。则获得的直方图的峰值即表示该特征点处邻域内各像素点的主方向，也就是该特征点的主方向。

如图3.16所示，（a）是以特征点为中心所取的一定邻域窗口内各像素的梯度模值与方向，（b）是由梯度得到的梯度直方图，其中上面箭头所指的直方图所处方向即表示该特征点所处在邻域内梯度的主方向，也就是该特征点的主方向。

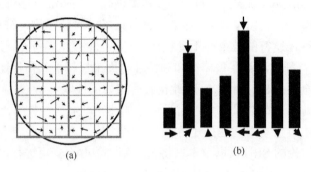

图3.16　SIFT特征描述子

为了降低邻域窗口内边缘点对统计方向直方图的影响，在计算直方图时，需用高斯窗进行加权操作，如图3.16（a）所示。

在方向直方图3.16（b）中有两个峰值，其中最高峰值表示对应特征点的主方向。另外，为了提高匹配的稳定性，需要增加一个峰值大于主方向峰值80%对应的所有方向作为该特征点的辅方向。这就是为什么在相同位置和尺度处的特征点可能拥有1个以上的方向。

2）SIFT描述符生成与匹配

SIFT特征点经过上述处理后，到此所有特征点都拥有了三个具体的信息：位置（x, y）、所处尺度σ和方向θ。接下来的工作就是如何准确的描述每个特征点，因此需要对每个特征点构建一个具有比较高的独特性和鲁棒性的描述符，这样能够为后期特征点匹配提高正确匹配率。

SIFT特征描述符是对特征点附近邻域内高斯图像的梯度统计结果的一种表示，它是一个128维的特征矢量。该描述符的构建过程：首先对任意稳定的特征点，以该特征点的主方向为轴旋转该图像，然后在其尺度图像中以该特征点为中心取4×4个子区域，这样每个子区域包含4×4个像素点；然后统计所有子区域中8个方向的梯度直方图；最后对所有子区域中的8个方向信息进行排序，这样即产生一个$4 \times 4 \times 8 = 128$维的特征矢量，也就是SIFT描述符，如图3.17所示。因为一个特征点有可能会有多个不同的主方向，因此同一个特征点也可能会有多个不同的 SIFT 特征描述符。

至此，SIFT 特征矢量不仅具有了尺度不变性，而且也具有了旋转不变性，若将 SIFT 特征矢量进一步进行规范化处理，则能够继续消除光照变化的影响。

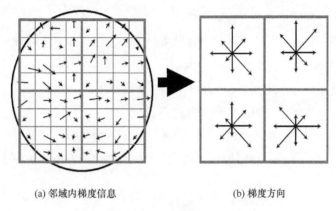

(a) 邻域内梯度信息   (b) 梯度方向

图 3.17　SIFT 描述符

在待匹配的图像对的 SIFT 特征描述符产生后，就可以对描述符运用一定的相似性判定标准进行图像匹配。Lowe 在文献中运用 SIFT 特征描述符的欧式距离作为判定标准对两幅图像进行匹配（Mikolajczyk and Schmid，2005）。首先在参考图像中选定一个特征点，然后在待匹配图像中检测到与该特征点的欧氏距离最近和次近的两个特征点，令它们之间的欧氏距离分别记为 D_f 和 D_s，如果它们之间的欧氏距离的比值不大于给定的阈值 τ，则参考图像中的特征点和待匹配图像中距离值最小的特征点就被认为是正确的匹配点对。其中给定的阈值 τ 表达式为

$$\frac{D_f}{D_s} \leqslant \tau \tag{3-37}$$

3.4.2　仿射不变矩描述符

1）不变矩

矩是一种能够对边界和区域形状进行有效描述的一种描述符，不变矩就是由基本的矩衍生的。在本书 3.3.2 节已经对低阶矩进行过简单讨论。Hu 给出 7 个由 0~3 阶的低阶矩表示的函数式，这些函数式对平移、旋转、尺度等变换具有不变性（Hu，1962）。函数表达式如下：

$$\varphi_1 = \mu_{20} + \mu_{02}$$

$$\varphi_2 = (\mu_{20} - \mu_{02})^2 + 4 \cdot \mu_{11}^2$$

$$\varphi_3 = (\mu_{30} - 3 \cdot \mu_{12})^2 + (\mu_{03} - 3 \cdot \mu_{21})^2$$

$$\varphi_4 = (\mu_{30} + \mu_{12})^2 + (\mu_{03} + \mu_{21})^2$$

$$\varphi_5 = (\mu_{30} - 3 \cdot \mu_{12})(\mu_{30} + \mu_{12})[(\mu_{30} + \mu_{12})^2 - 3 \cdot (\mu_{03} + \mu_{21})^2]$$
$$+ (3 \cdot \mu_{21} - \mu_{30})(\mu_{21} + \mu_{03})[3 \cdot (\mu_{30} + \mu_{12})^2 - (\mu_{03} + \mu_{21})^2] \quad (3\text{-}38)$$

$$\varphi_6 = (\mu_{20} - \mu_{02})[(\mu_{30} + \mu_{12})^2 - (\mu_{21} + \mu_{03})^2]$$
$$+ 4 \cdot \mu_{11} \cdot (\mu_{30} + \mu_{12})(\mu_{21} + \mu_{03})$$

$$\varphi_7 = (3 \cdot \mu_{21} - \mu_{03})(\mu_{30} + \mu_{12})[(\mu_{30} + \mu_{12})^2 - 3 \cdot (\mu_{03} + \mu_{21})^2]$$
$$+ (3 \cdot \mu_{12} - \mu_{30})(\mu_{21} + \mu_{03})[3 \cdot (\mu_{30} + \mu_{12})^2 - (\mu_{03} + \mu_{21})^2]$$

式中，μ_{pq} 为规范化中心距，其表达式为

$$\mu_{pq} = \frac{\sum\limits_{x}\sum\limits_{y}(x - \overline{x})^p (y - \overline{y})^q I(x,y)}{\left[\sum\limits_{x}\sum\limits_{y}(x - \overline{x})(y - \overline{x})I(x,y)\right]^{\frac{p+q}{2}+1}} \qquad p,q=0,1,2\cdots$$

式中，$\overline{x}, \overline{y}$ 由式（3-32）计算获得。

其中：①φ_j，$j=1,\cdots,7$，具有平移不变性、尺度不变性、旋转不变性；②φ_j，$j=1,\cdots,6$，还具有反转不变性；③φ_7 具有反转后幅值不变，仅符号改变。上述 7 个不变量又被称为不变矩。后来在这 7 个不变矩的基础上又产生很多形式的不变矩构造方法。本节主要介绍本书将要使用的仿射不变矩的构造方法。

2）仿射不变矩

由于 Hu 容易受噪声影响，由此构造的特征描述符的区分能力就较差。Flusser 和 Suk（1993）构造一种仿射不变矩（曾万梅等，2009），在图像发生仿射变换时仍保持不变性。

仿射不变矩是由代数不变性理论中获得的，在仿射变换式中，它们具有不变性，仿射变换表达式为

$$\begin{cases} u = a_0 + a_1 x + a_2 y \\ v = b_0 + b_1 x + b_2 y \end{cases} \qquad (3\text{-}39)$$

对于仿射变换式（3-39）能够被分解成 6 个由单参数表示的线性变换式，而对任意的仿射变换都能够表示成若干个由单参数表示的线性变换式的乘积，其乘积的表达式分别如下：

$$\begin{cases} u=x+\alpha \\ v=y \end{cases} \quad \begin{cases} u=x \\ v=y+\beta \end{cases}$$

$$\begin{cases} u=w \cdot x \\ v=w \cdot y \end{cases} \quad \begin{cases} u=\delta \cdot x \\ v=y \end{cases} \qquad （3\text{-}40）$$

$$\begin{cases} u=x+t \cdot y \\ v=y \end{cases} \quad \begin{cases} u=x \\ v=t \cdot x+y \end{cases}$$

其中，第一行表示平移变换；第二行表示尺度变换；第三行表示倾斜变换。能够证明，对任意矩函数在式（3-40）表示的 6 个线性变换下若保持不变，则在一般的仿射变换下也同样具有不变性（付波等，2007），即给定的矩特征被认为是仿射不变矩。Flusser 和 Suk 构造的仿射不变三阶矩表达式如下（Flusser and Suk，1993）：

$$\phi_1 = \left(\mu_{20}\mu_{02} - \mu_{11}^2 \right) / \mu_{00}^4$$

$$\phi_2 = (\mu_{30}^2\mu_{03}^2 - 6\mu_{30} + 4\mu_{30}\mu_{12}^3 + 4\mu_{21}^3\mu_{03} - 3\mu_{21}^2\mu_{12}^2) / \mu_{00}^{10} \qquad （3\text{-}41）$$

$$\phi_3 = \left[\mu_{20} \left(\mu_{21}\mu_{03} - \mu_{12}^2 \right) - \mu_{11} \left(\mu_{30}\mu_{03} - \mu_{21}\mu_{12} \right) + \mu_{02} \left(\mu_{30}\mu_{12} - \mu_{21}^2 \right) \right] / \mu_{00}^7$$

其中，用 Φ 表示三阶特征向量，即 $\Phi = [\phi_1 \ \phi_2 \ \phi_3]$。

3.4.3 集成互补不变的 SIFT-AIM 特征描述符

虽然 SIFT 特征匹配在普通图像匹配时处理速度接近实时处理，但是在大幅的遥感图像匹配方面却失去这种优越性，因为 SIFT 描述符是高维矢量，运行起来比较耗时，为此本书对 SIFT 描述符进行改进，提出降低 SIFT 描述矢量的维数的方法，使运算时间也得到大幅减少。

改进的 SIFT 描述子与 3.4.1 节讨论的 SIFT 描述符不同之处是在尺度图像中以选取的特征点为中心取 4×4 子区域所在的正方形，分别连接正方形的对边中点与对角线，把正方形等面积分成 8 块，对每个块计算 8 个方向的梯度方向直方图。这样每个特征点就获得 $8 \times 8 = 64$ 维的向量，即形成新的 SIFT 描述符。划分过程如图 3.18 所示。

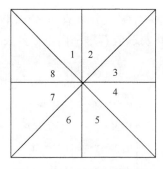

图 3.18　正方形划分示意图

在特征点描述时，为了使特征点具有旋转不变性应用主方向对特征点进行描述。在计算主方向时，首先需要计算特征点邻域内每个像素的梯度大小 $M(x,y)$ 和方向 $\theta(x,y)$，其计算公式采用式（3-36）。然后在 0°~360°范围内，以 10°为一柱，建立 36 柱梯度直方图。将每个点的梯度 $M(x,y)$ 加到相应的梯度直方图中，所得直方图中最大值对应的位置即为主方向所在位置。

对每个加入梯度方向直方图的采样点梯度大小仍按照权重处理，加权仍采用圆形高斯加权函数，其 σ 值等于特征点尺度的 1.5 倍。由于 SIFT 算法没有考虑仿射不变性，仅考虑尺度和旋转的不变性。虽然通过高斯加权后，使特征点附近的梯度幅值有较大权重，这仅部分弥补因没有仿射不变性而产生的特征点不稳定的问题。

为使 SIFT 特征点具有仿射不变性，本书引入仿射不变矩特征。Flusser 和 Suk（1993）构造的三阶仿射不变矩虽然具有良好的仿射不变性，但是容易受光照条件的影响。因此本书将根据改进的 SIFT 描述符和仿射不变矩的优点及适用条件，提出一种集成互补不变特征描述符，即 SIFT-AIM 描述符，其数学表达式为

$$descriptor = \{SIFT, \Phi\} \tag{3-42}$$

这样集成后的描述符就是将 64 维的 SIFT 特征矢量和 3 个仿射不变矩变量相结合得到 67 维的新特征描述符。

应用 SIFT-AIM 特征描述符进行图像匹配时，采用参考图像与待匹配图像间向量 $descriptor_o$ 与 $descriptor_j$ 的欧氏距离作为相似性测度，其距离计算公式为

$$D_{o,j} = \left\| descriptor_o - descriptor_j \right\| \tag{3-43}$$

采用式（3-43）逐一计算图像对的特征描述符的最小距离，该距离小于某一阈值的点对即被认为是候选匹配点对。

3.5 图像局部不变特征匹配策略

目前，基于不变性特征匹配中所采用的匹配策略主要是以下三种（Li and Allinson，2008）。

（1）最近距离法：对参考图像中的任意特征点，在待匹配图像中查找距离该特征点描述符最近的候选匹配点。这种情况下一个特征点并不一定有匹配点。

（2）阈值匹配方法：在待匹配图像中查找参考图像中特征点的所有可能匹配的点，若两个描述符的欧氏距离小于给定的阈值时才成立。此时，一个特征点所对应的匹配点不唯一。

（3）比值匹配法：该法采用的是将特征点的最近距离与次近距离的比值设为阈值进行匹配。

以上三种方法中，最快和最简单的匹配策略是阈值匹配法；而最精准和有效的匹配策略是比值匹配法。因此在应用时需要根据情况进行有效的选择匹配策略。

3.6 局部不变性特征提取算法的评估标准

3.6.1 召回率-准确率

在图像匹配中使用最多的评估标准是召回率和准确率（recall and precision），其内容主要有以下几个方面（Mikolajczyk and Schmid，2005）：首先将图像对分别定义为参考图像和待匹配图像；然后假定两个匹配的图像区域 A、B，此时它们的描述符 D_A 和 D_B 的距离必须小于给定的阈值 τ。

在匹配过程中，令参考图像的所有描述符与待匹配图像的所有描述符分别是对应匹配的，分别统计正确匹配和错误匹配的数目。注意阈值 τ 的取值将会影响到结果曲线。具体定义如下：

$$\text{Recall} = \frac{\text{Num}_{\text{correct matches}}}{\text{Num}_{\text{correspondences}}} \tag{3-44}$$

$$\text{Precision} = \frac{\text{Num}_{\text{correct matches}}}{\text{Num}_{\text{correct matches}} + \text{Num}_{\text{false matches}}} \tag{3-45}$$

式中，$\mathrm{Num}_{\text{correct matches}}$ 为正确匹配，所谓正确匹配指的是两个匹配特征点的描述符与参考图像和待匹配图像的相关区域是关联的，而相关区域可从预先标记的图像区域获得的；$\mathrm{Num}_{\text{false matches}}$ 为错误匹配；反之，若匹配的两个特征点的描述符与相关区域不关联，就是错误匹配；$\mathrm{Num}_{\text{correspondences}}$ 为在两幅图像中提取的特征点能够成功匹配的最大数目。

3.6.2 可重复率

可重复率（repeatability rate）反映特征提取过程不受图像的成像条件影响，如相机参数、光照条件等。所谓可重复性是指在一个图像中提取的特征点在相应的另一幅图像中的近似相同的位置处也应该提取到该特征点。若定义一个特征点 X，相应的两个映射矩阵为 P_1 和 P_i，则 X 在该两幅图像 I_1 和 I_i 中的投影相应的分别是 $x_1 = P_1 X$ 和 $x_i = P_i X$。只有在图像 I_i 中提取到相关的特征点，则在图像 I_1 中提取到的 x_1 才是可重复的。为衡量特征点是否是可重复的，需要在特征点 x_1 与 x_i 之间建立一个独一无二的映射关系。对标准场景采用同源性参数进行定义：

$$x_i = H_{1i} x_1 \qquad (3\text{-}46)$$

式中，$H_{1i} = P_i P_1^{-1}$，P_1^{-1} 为图像 I_1 后像映射的一种符号。上述映射对一般的三维场景来说是困难的。

可重复率是指在两幅图像中可重复的点数与所有提取到的点数的比值（Mikolajczyk and Schmid，2001）。在衡量可重复点时，没有考虑观测场景。并不是所有的特征点都可以计算可重复性，只有在通常场景区域内的点才可以。该通常场景区域是采用同源性参数而定义的。在图像 I_1 和 I_i 中的点定义如下：

$$\begin{aligned} \{\tilde{x}_1\} &= \{x_1 | H_{1i} x_1 \in I_i\} \\ \{\tilde{x}_i\} &= \{x_i | H_{i1} x_i \in I_1\} \end{aligned} \qquad (3\text{-}47)$$

式中，$\{\tilde{x}_1\}$ 和 $\{\tilde{x}_i\}$ 分别为在图像 I_1 和 I_i 中分别提取到的特征点；H_{ij} 为两幅图像间的同源性参数。

由此可知，可重复性必须考虑到特征提取的不确定性。可重复性点一般位于 x_i 的某个邻域内，而不会准确地在 x_i 处被提取到。该邻域的大小用 κ 定义，在该邻域内的可重复率记为 $\kappa\text{-Repeatability}$。则点对集合被表示为

$$R_i(\kappa)=\left\{(\tilde{x}_1,\tilde{x}_i)\,|\,\text{dist}(H_{1i}\tilde{x}_1,\tilde{x}_i)<\kappa\right\}$$ （3-48）

在两幅图像中提取到的特征点可能会有差异。例如，在发生尺度变换的图像中，在清晰度比较高的图像将会提取出较多的特征点，但并不是所有的特征点都是可重复的，而仅有少量特征点是可重复的。图像 I_i 的可重复率的定义式为

$$r_i(\kappa)=\frac{\left|R_i(\kappa)\right|}{\min(n_1,n_i)}$$ （3-49）

式中，$n_1=\left|\{\tilde{x}_1\}\right|$ 和 $n_i=\left|\{\tilde{x}_i\}\right|$ 分别为图像 I_1 和 I_i 的相关部分提取出的特征点个数。因此 $r_i(\kappa)$ 的取值范围为 $[0,1]$。

需注意的是采用上述方法定义的可重复率仅适用于标准场景。只有在该场景下两幅图像的几何关系才被准确定义。

3.7　实验与分析

本节将通过匹配实验将 SIFT-AIM 描述符与 SIFT 描述符进行对比。在该实验中特征提取算子均采用 SIFT 算子，匹配策略相同。

1）实验数据集

该实验图像数据采用 Mikolajczyk 图像序列（Mikolajczyk and Schmid，2004）。本书仅提供从该数据集中选取 5 个变换序列图像进行测试，分别是尺度和旋转变换、视角变换、照度变换、模糊变换和 JPEG 压缩变换，实验数据集图片示例如图 3.19 所示。

2）匹配时间

在该实验中，将 SIFT-AIM 算法与 SIFT 算法进行比较。结果列于表 3.2 中。此处 SIFT 算法采用在 Windows 平台下的源代码。SIFT-AIM 和 SIFT 算法在相同的硬件条件下运行。由于在实验中采用的特征提取算法是相同的，因此特征点的提取时间与特征点数差异不是很明显，其时间差异主要产生在描述符的建立和描述符匹配方面，所以本书仅从这两方面进行时间比较。

(a) 尺度和旋转变换

(b) 视角变换

(c) 光照变换

(d) 模糊变换

(e) JPEG压缩变换

图 3.19　实验数据集

在表 3.2 中描述符耗时即是建立描述符所花费的时间；匹配耗时即是指对待匹配图像与参考图像进行描述符匹配所用时间。在本实验中，两种匹配方法所采用的匹配策略是相同的。由表 3.2 可知，在尺度和旋转、视角、照度和模糊变换数据集下，SIFT-AIM 算法总耗时大约是 SIFT 算法总耗时的 1/2。与 128 维的 SIFT 描述符相比，由于 SIFT-AIM 采用 67 维的描述符，因此其描述符维度不仅减少了将近 1/2，同时也减少了其描述符的匹配时间。

表 3.2　SIFT-AIM 与 SIFT 运行时间对比　　　　　（单位：s）

算法	变换方式	描述符耗时	匹配耗时	总耗时
SIFT-AIM	尺度和旋转变换	5.7483	20.5793	26.3276
	视角变换	4.0728	10.0236	14.0924
	照度变换	3.1654	5.5793	8.7447
	模糊变换	2.4616	5.1371	7.5987
SIFT	尺度和旋转变换	11.2274	46.2268	57.4542
	视角变换	8.0728	20.3971	28.4699
	照度变换	7.8377	13.2277	21.0654
	模糊变换	5.2877	10.5793	15.8670

3）性能对比实验

依据上述匹配方法，对图像数据集分别进行尺度和旋转变换、视角变换、照度变换、模糊变换匹配实验。受篇幅所限，本书仅给出对 Mikolajczyk05 中 boat、graffiti、leuven、bikes 数据集的测试结果，分别用结果曲线表示，如图 3.20~图 3.24 所示。

从图 3.20~图 3.24 中可以明显看出，在尺度和旋转变换、视角变换和照度变换实验中，SIFT-AIM 性能均优于 SIFT 的性能。这是由于尺度和旋转变换及视角变换都属于仿射变换，SIFT-AIM 描述符通过集成仿射不变矩，满足了在仿射变换下的特征描述的不变性。由于 SIFT 算法不具有仿射不变性，因此 Recall 最高值普遍不高。在模糊变换实验中，实验图片是通过调节照相机焦距得到的。虽然焦距变化会不仅会影响到像素强度，而且对图像边缘信息也有影响，但是从结果曲线图可知，这两种算法的匹配效果都比较好。

4）匹配实例

图 3.24 分别列出标准数据集的匹配实。图 3.24（a）显示的是发生尺度和旋转变换的数据集，在该数据集中左右图像分别提取到 10344 个和 77722 个特征点，通过优化提取得到 269 对正确匹配点对；图 3.24（b）显示的是发生视觉变换的数据集，在该数据集中左右图像分别提取到 3707 个和 4635 个特征点，获得 198 对正确匹配点对；图 3.24（c）显示的是发生照度变换的数据集，在

该数据集中左右图像分别提取到 3008 个和 2208 个特征点，获得 94 对正确匹配点对；图 3.24（d）显示的是发生模糊变换的数据集，在该数据集中左右图像分别提取到 2016 个和 1505 个特征点，获得 139 对正确匹配点对。

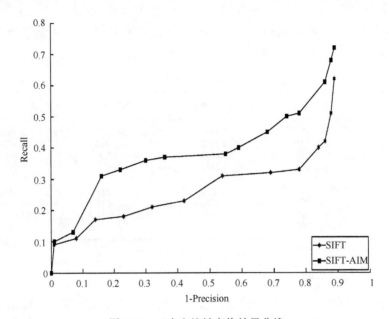

图 3.20　尺度和旋转变换结果曲线

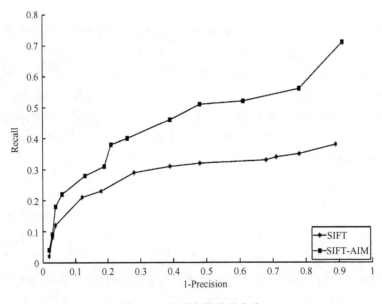

图 3.21　视觉变换结果曲线

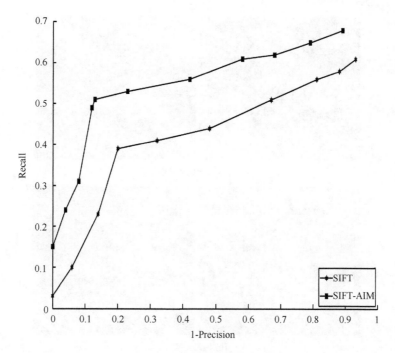

图 3.22 照度变换结果曲线

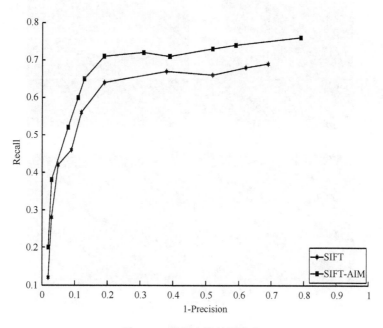

图 3.23 模糊变换结果曲线

(a) 尺度和旋转变换

(b) 视觉变换

(c) 照度变换

(d) 模糊变换

图 3.24　SIFT-AIM 匹配实例

3.8 本章小结

由于局部不变特征具有尺度、旋转、平移等变换下的不变性，因此基于该特征的图像匹配方法近年来成为图像匹配研究的热点。而传统的局部不变性特征描述符如 SIFT、SURF 等，由于仿射不变性较弱和维度较高，使其在描述符计算和特征匹配时耗时过长，因此应用到具有较大仿射变换的图像之间的匹配效果不理想，且在实时应用中受到限制。

本章归纳总结了特征提取算法，并选择具有较强的尺度不变性、平移不变性、旋转不变性的 SIFT 特征提取算法和具有较强的仿射不变性的 MSER 特征提取算法作为本章研究重点。针对高维 SIFT 描述符不具有仿射不变性，且构建过程耗时较长的缺点，提出集成仿射不变矩以增强其仿射不变性的思想，同时降低描述符的维数，从而降低其计算时间。最后，采用标准数据集进行实验测试，结果表明该方法在增强仿射不变性和减少运算时间方面具有优势。

第4章 集成局部互补不变特征的多源遥感图像配准

遥感影像配准是利用两幅影像中共同的目标对象，确定影像间相对位置关系的一种技术。影像配准是影像镶嵌（袁修孝和钟灿，2012）、模式识别（胡正平和王玲丽，2012）、目标跟踪（刘晴等，2012）等相关领域的关键技术，也是摄影测量与遥感领域的核心技术。现有的基于特征的配准方法大部分适用于失配程度小的影像，而遥感影像数据量大，影像间往往存在尺度变化和旋转变化等大失配情况，在配准这些影像时，已有的算法要么难以配准，要么配准精度非常低。文献（Mikolajczyk et al.，2005）经过对比分析常用的仿射不变特征提取算子性能指出 MSER 算子（Matas et al.，2004）是目前效果最好的仿射不变算子。Lowe（2004）经实验分析证明 SIFT 描述子是目前最佳的尺度不变描述子。杨秋菊和肖雪梅（2011）指出 Canny 边缘提取算子是目前较好的算子。而对宽基线遥感影像仅采用单一特征进行配准，其结果精度要么很低，要么失败，因此，本章结合 MSER 和 SIFT 的优点，提出一种集成 MSER 和 SIFT 互补不变特征的遥感影像自动配准算法。而后又将 SIFT 特征结合 Canny 边缘提取算子的优越性，提出一种适合 SAR 影像的集成配准算法。

本章将首先讨论特征配准算子与优化提取算法，然后讨论集成局部互补不变特征的图像配准方法。最后通过实验验证本书提出的集成方法的有效性。

4.1　Kd-树算法

在第 3 章已经讨论了图像局部不变特征的提取与描述。一般情况下，图像中结构最稳定的局部区域就是局部不变特征，在发生平移、旋转、尺度等变换时，它们的位置和相应的描述矢量仅有很小的变化，也就是说局部特征提取和描述是一个良态问题。这样得到的同一目标的图像具有如下特性：

（1）若提取到的两局部特征的描述矢量间距离较小，则这两个局部特征在对应目标的位置相同；

（2）若距离较大，则这两个局部特征在对应目标的位置不同。

特征配准就是运用上述特征，在两组局部特征集合中搜索到两两距离最近的局部特征匹配对，该匹配对对应目标的相同位置。

　　特征配准在本质上与数据库查询和图像检索等是相同的问题，仅在数据集方面有可能不同，它们都可以被认为是运用距离函数在高维矢量间进行相似性搜索的问题。研究者为了研究如何高效地搜索到被查询目标的近邻，他们已经做了大量的研究工作（董道国等，2002；刘芳洁等，2003），提出了多种高维空间索引结构和近似查询算法。在这些被提出的索引算法中，有面向矢量空间设计的，有面向度量空间设计的。对后者采用的索引结构算法由于在进行相似性搜索时仅运用距离函数的三角不等式性质，因此，该算法与面向矢量空间算法相比更具有普适性。索引结构的相似性查询可以归纳为两种基本的方式：范围查询和 K-近邻查询。

　　特征配准算子基本可以被分成两类：一类是线性扫描法；另一类是首先建立数据库索引，而后再进行快速配准。所谓线性扫描即把查询点与数据集中所有点分别对其距离进行比较，因此，也被称为穷举法。该算法优点是减少了对数据预处理过程，但是其缺点是由于它没有应用数据集本身所具有的信息，因此搜索效果不理想。而第二类由于实际数据大部分呈现簇状的聚类形态，运用有效的索引结构可大幅度提高搜索速度，但是该算法缺点是在建立索引结构时代价比较高，索引树即属于该类算法。索引树的搜索原理是首先将搜索空间依据层次进行划分，然后对划分的空间依据是否有混叠而分成 Clipping 和 Overlapping 两种。前者被划分的空间没有出现重叠现象，如 Kd-树（Bentley，1975）。而后者被划分的空间则出现了重叠现象，但重叠区内只能有一个空间出现数据点，如 R-树（Guttman，1984）。在本节中仅以 Kd-树为例对树结构中的 Clipping 空间划分的搜索算法进行讨论，图 4.1 和图 4.2 分别为二维数据 Kd-树空间划分和数据结构示意图。

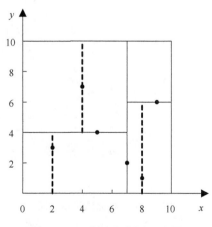

图 4.1　Kd-树空间划分示意图

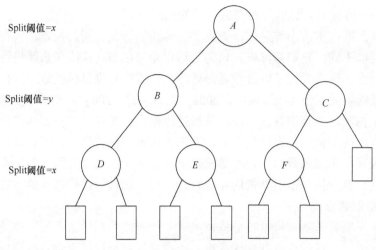

Split阈值=x

Split阈值=y

Split阈值=x

图 4.2　Kd-树数据结构示意图 1

K-dimension tree 是 Kd-树的全称，是指对数据点在 k 维空间中进行划分的一种数据结构。下面将首先以一个简单的例子对 Kd-树算法原理进行介绍，然后将对 Kd-树的建树和搜索过程进行深入分析。首先令 6 个数据点为 $\{(2,3),(5,4),(9,6),(4,7),(8,1),(7,2)\}$，它们均在二维空间内，如图 4.3 所示，其中数据分别对应于图 4.2 中 A、B、C、D、E、F 点的数据。为能够快速而准确地搜索到最近邻，Kd-树将整个空间划分成若干个小部分，其划分过程是：首先，整个空间被粗直线成两部分；而后两个子空间被细直线分成四部分；最后四部分又被虚直线继续划分。

下面首先介绍 Kd-树的构建，而后再介绍数据搜索，最后综合讨论其性能。

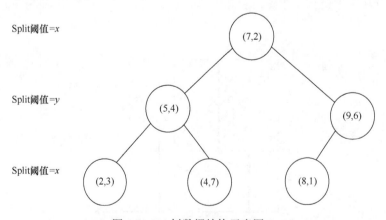

Split阈值=x

Split阈值=y

Split阈值=x

图 4.3　Kd-树数据结构示意图 2

4.1.1　Kd-树算法构建

　　由图 4.2 可以明显看出，Kd-树是一个二叉树，每一个节点都表示一个空间范围，并由若干种数据类型组成，其数据类型如表 4.1 所示。其中 Range 域代表该节点所包括的空间大小。Node-data 域表示给定的数据集中某个 n 维数据点。所谓分割超面指的是垂直轴 Split，且穿过数据点 Node-data 的平面，这样整个空间被分割超面分成两部分。假设 Split=i，在空间 Range 中，该节点的右子空间的数据是指某个数据点的第 i 维数据大于 Node-data[i]，反之则小于 Node-data[i]。Kd-树的左子空间或右子空间的数据点分别用 Left, Right 域表示。通常情况下，在二叉树中的每个节点即是某些节点的父节点，同时又是某个节点的子节点。另外还有两类特殊的节点：叶节点和根节点，叶节点没有子节点，根节点没有父节点。

表 4.1　Kd-树中每个节点所包含的信息

域名	数据类型	描述
Range	空间矢量	给定节点所代表的空间范围
Node-data	数据矢量	给定数据集中的某个数据点，n 维矢量
Split	整数	垂直于分割超面的方向轴序号
Right	Kd-tree	由在该节点分割超面的右子空间内全部数据点构成的 Kd-tree
Left	Kd-tree	由在该节点分割超面的左子空间内全部数据点构成的 Kd-tree
Parent	Kd-tree	根节点

　　由上面对 Kd-树节点数据类型描述可知，Kd-树的构建过程是一个逐级递归的过程，其过程如图 4.4 所示。

　　本节借助一个简单的例子来介绍 Kd-树的构建过程。所采用的数据集是图 4.1 中数据，共 6 个数据分别是 $\{(2,3),(5,4),(9,6),(4,7),(8,1),(7,2)\}$。在该例中，树的根节点表示整个方体，所有数据点和粗直线表示的方程 x=7 都包含在其中，下面以此为例介绍根节点的建立步骤。

　　（1）确定 Split 阈值。6 个数据点在 x,y 维度上数据方差分别是 39,28.63，因此在 x 轴上方差最大，也就是 Split 阈值=x。

　　（2）确定 Node-data。在 x 维上对数据进行排序可得，6 个数据的中值是 7，因此 Node-data 域位于数据点 (7,2)。因此该节点的分割超面即是穿过 (7,2)，同时垂直 Split=x 轴的直线 x=7。

　　（3）确定左右子空间。整个空间被分割超面 x=7 分为左右两个子空间，如图 4.1 所示。其中，位于 $x>7$ 的部分是右子空间；否则属于左子空间。它们

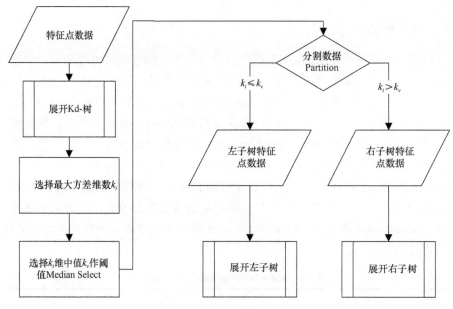

图 4.4　Kd-树构建流程图

所包含的节点分别为：右子空间节点有 2 个，分别是 $(9,6),(8,1)$；左子空间节点有 3 个，分别是 $(2,3),(5,4),(4,7)$。

由算法过程可知，Kd-树的建立过程是一个逐步展开递归的过程。一级子节点可以通过对左右子空间内的数据重复上述步骤获得，分别是 $(5,4),(9,6)$，同时把空间和数据集继续进行细分。如此重复上述步骤直至空间中仅含有一个数据点结束。

虽然 Kd-树建立过程繁琐，但是它具有以下几个方面的优点：

（1）数据的聚簇性质比较容易被刻画。这是因为在构建 Kd-树时，数据的统计特性能决定分割超面，因此能够很容易地区别不同簇的数据点。

（2）Kd-树切分空间的局部分辨率能够被调整。这是由于树的深度可以调整。

（3）Kd-树切割面的法向也可以分别调整。

4.1.2　最近邻查询

在特征配准中的重要环节之一是在 Kd-树中搜索与查询点距离最近的数据点。为形象地描述查询的基本过程，下面将首先以一个简单的例子进行描述。采用二叉树，沿"搜索路径"进行搜索，能够比较快地搜索到最近邻的近似点，即含查询点的叶节点。如图 4.5 所示，查询点 $(2.1,3.1)$ 用"＋"号来标注，则含有该点的叶节点就是 $(2,3)$。最近邻点虽然不一定就是叶节点，但是一定是距查询点更近的点，且它一定在以查询点为圆心并经过叶节点的圆内。要想搜索到真正的最近邻，则该算法必须进行"回溯"搜索，尽管该过程耗时比较长。"回溯"过程是：按"搜索路径"逆向搜索离查询点更近的数据点。图4.6就是查询算法的一步"回溯"搜索，在该步，算法回到叶节点(2,3)的父节点(5,4)，同时观察在(5,4)的其他子节点空间中是否有离查询点更近的数据点。由图4.6可知，由于灰色区域与圆没有发生交叉现象，因此对另一个子空间无需进行数据查询比较。算法继续按照"搜索路径"逆向追溯到下一个节点。

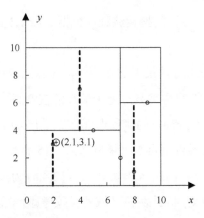

图4.5　点（2.1，3.1）最近邻查询

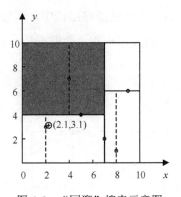

图4.6　"回溯"搜索示意图

上述最近邻查询的描述过程是针对二维情形中搜索查询点是一个最近邻的查询算法，按照相同原理，该算法可以被扩展到 k 个最近邻，只需把"最近邻"改成"最佳 k 个近邻"即可。仍以图4.4构建Kd-树算法流程为例进行查询算法说明。假设要查询(2.1,3.1)和(2,4.5)两个数据点的最近邻，由图4.5可知，这两个数据点在 Kd-树中的最近邻均是(2,3)。下面以查询数据点(2.1,3.1)的最近邻为例，说明搜索算法流程如下。

（1）二叉树搜索。按照由父节点至子节点的搜索路径逐步搜索，即 $(7,2) \rightarrow$ $(5,4) \rightarrow (2,3)$，最后获得查询点的"最近邻点"是 $(2,3)$。

（2）回溯操作。获得查询点的"最近邻点" $(2,3)$ 后，回溯第一步即达节点 $(5,4)$，该节点的 Split=y。由图 4.6 可知，以 $(2.1,3.1)$ 为圆心且穿过点 $(2,3)$ 的圆与直线 $y=4$ 没发生相交，因此灰色区域无需考虑，而查询过程继续按照搜索路径进行再次"回溯"……

按照上述从（1）~（2）的搜索流程，数据点 $(2.1,3.1)$ 仅比较 3 次即可获得最近邻点 $(2,3)$。

下面继续以查询 $(2,4.5)$ 的最近邻点为例，对算法流程进行说明如下：

（1）二叉树搜索。按照由父节点至子节点的搜索路径逐步搜索，即 $(7,2) \rightarrow$ $(5,4) \rightarrow (4,7)$，最后获得查询点的"最近邻点"是 $(5,4)$。

（2）回溯操作。获得查询点的"最近邻点" $(5,4)$ 后，回溯第一步即达节点 $(5,4)$，该节点的 Split=y。由图 4.7 可知，以 $(2,4.5)$ 为圆心且穿过点 $(5,4)$ 的圆和分割超面 $y=4$ 产生相交，因此灰色区域就必须考虑，也就是 $(5,4)$ 的右子节点。节点 $(2,3)$ 离 $(2,4.5)$ 要比目前"最近邻点" $(5,4)$ 要近。因此最近点变为 $(2,3)$，同时，把 $(5,4)$ 的右子节点 $(2,3)$ 纳进查询路径中，然后继续"回溯"……

按照上述从（1）~（2）的搜索流程，数据点 $(2,4.5)$ 仅比较 4 次即可获得最近邻点 $(2,3)$。

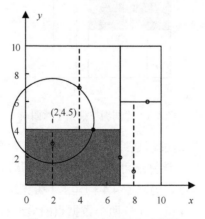

图 4.7　Kd-树空间划分示意图

对上述两次"最近邻点"查询算法流程进行比较可以发现，查询 $(2,4.5)$ 的"最近邻点"的流程要更加复杂些。其原因是在二叉树中，N 个节点（数据）的

k 维 Kd-树的搜索过程最差是（Lee，1976）：

$$T_{worst}=O(k \times N^{1\frac{1}{k}})$$

这样的恶劣情形大部分在查询点逼近分割超面时发生。像上述数据点 (2,4.5) 的"最近邻点"查询，查询点的邻域和分割超面的左右子空间都相交，因此最近邻与所在的小立方体有可能不在同一子空间。此时，搜索 Kd-树时务必对分割超面的左右子空间同时进行检索，从而导致检索效率大大降低。

上述讨论的是数据集是二维的检索过程，若数据集是高维，则 Kd-树的快速检索能力就会急速降低。令数据集是 D 维，若要想使 Kd-树对该数据集具有高效的搜索能力，则该数据集的规模 N 一般需要满足 $N \gg 2^D$ 条件式。Kd-树的查询方法在高维数据集应用时，在所有的查询中仅有极小一部分节点不被访问和比较，因此检索效率会降低几乎逼近穷尽搜索。一般查询数据点 (2.1,3.1) 的"最近邻点"所用的标准 Kd-树是数据集的维数 D 应满足 $D \leqslant 20$。然而目前大多数特征点描述矢量的维数 D 几乎都超过 60，如比较流行的 SIFT 特征描述矢量是 128 维，SURF 特征描述矢量是 64。因此要想使 Kd-树对这些高维的数据集仍具有高效的快速检索功能，必须对 Kd-树进行改进。

4.1.3　BBF 查询

在 4.1.2 节所讨论的标准 Kd-树查询在搜索过程中没有考虑查询路径上数据点本身的某些性质，其"搜索路径"决定了其搜索过程中的"回溯"检查。而 BBF 查询思想是采用对"查询路径"的节点按指定的条件进行排序，如按查询点的距离与各自的分割超面进行排序。这样回溯检查就总是先检查优先级最高的树节点。这个思想即是本节要讨论的 BBF（best-bin-first）查询方法，该方法能够使最有可能包含最近邻点的空间获得优先检索。另外，在 BBF 机制中设置一个时间阈值，即在优先级队列中全部节点都被检查或运行时间超过给定的阈值时，则该算法就把当前搜索到的最好结果当作近似的最近邻。运用这种查询思想，Kd-树能被扩展到高位数据集的查询上。由于高维数据集数据量巨大，因此检索速度比较慢，而 BBF 查询为提高高维数据集的检索速度，通常以降低检索精度为代价，所以采用 BBF 查询到的最近邻并不是真正意义上的最近邻，而是近似的最近邻，不是最佳的。

BBF 查询流程和标准 Kd-树基本相同，主要区别是在 BBF 查询中增加了优先级的思想。其查询的流程如图 4.8 所示。

为讨论 BBF 的查询过程，本节仍以 4.1.2 节使用的例子为例进行讨论，在该例中尽管采用的数据集是二维的，并不能真正体现 BBF 的优越性，但是这个例子对理解 BBF 查询算法还是有一定帮助的。下面以上节搜索情况比较恶劣的数据点 (2,4.5) 为例讨论搜索算法的流程。

（1）把数据点 (7,2) 纳入优先队列中。

（2）从优先队列中检测 (7,2)，因为 (2,4.5) 在 (7,2) 的左侧，所以搜索其左子节点。并同时把其右子节点纳入优先队列中，这时优先队列是 {(9,6)}，而最佳点是 (7,2)；直到搜索至叶节点 (4,7)，这时优先队列是 {(2,3)、(9,6)}，"最佳点" 是 (5,4)。

（3）检测优先级最高的节点 (2,3)，并重复上述第（2）步直至优先队列是空的。

由上述（1）～（3）步骤可知，BBF 能很好地控制"最佳点"的查询进度。采用构建优先队列使查询进程可以随时中断退出，并总是获得比较好的结果，因而使 Kd-树在高维数据查询方面获得很好的扩展。

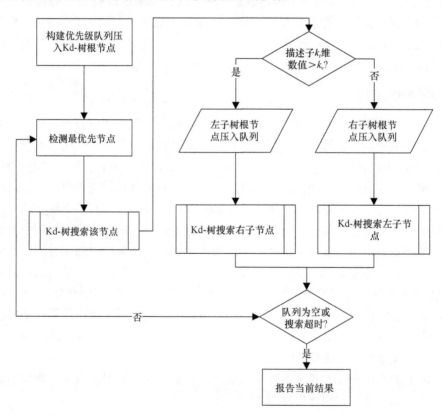

图 4.8　BBF 查询流程图

4.1.4 Spill-树

由上面两节对 Kd-树的讨论可知,"回溯"过程是查询最近邻中最费时间的一步。图 4.9(a)显示的是 Kd-树在第 j 维上空间划分示意图,在分割超面两侧拥有数据近似相同的数据点(假设全部数据在 j 维上投影的中值是阈值)。在查询点距离分割超面较近时,则其最近邻就有落在分割超面的另一侧的可能,因此就必须进行"回溯"比较操作。对此,近来研究者提出很多改进方法,其中最具有代表性的算法之一就是 Spill-树。本节参考文献(Liu et al.,2004)对其思路进行简单介绍,Spill-树的空间划分示意图如图 4.9(b)所示。与 Kd-树不同的是 Spill-树在分割方式上运用冗余分割,在 j 维度上出现两个分割超面。左子空间位于分割超面 LR 左侧,右子空间位于分割超面 LL 右侧[图 4.9(b)]。两个子空间出现一部分重叠,重叠范围内的数据点属于两个子空间共有。在查询点距离分界面 L 较近时,邻域则实际已被包含在它所处的节点一侧,因此就不需要进行回溯检索另外一个节点,进而可以提高检索效率。

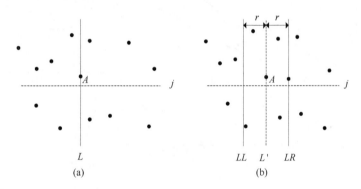

图 4.9 Kd-树和 Spill-树空间划分示意图

4.1.5 穷尽搜索

匹配算法中最简单的算法就是穷尽搜索。其算法思路是一个点集中的所有数据点与另一个点集中所有的数据点都要进行距离度量,则距离最小的点就是候选匹配点对。由其算法思路可知,由于要进行大量的数据点集的距离度量,因此其计算量比较大,但是该匹配算法是否一定比 Kd-树匹配算法差呢?直观而言,好像是这样,但是经过下面的比较可知结果并不完全正确,图 4.10 说明该匹配算法也有优越于 Kd-树匹配算法的时候。该图显示了穷尽搜索(exhaustive)和 BBF 数据点数与匹配时间的关系曲线,图中采用的两个数据集是点数相等,且均是 128 维的 SIFT 特征点。图 4.10 中 BBF 时间是由两部分构成的:分别是集合建树时间(即 tree building 曲线)和另一个集合中全部点的检测时间。首先观察 exhaustive 和 BBF 两条曲线，当特征点集合的规模是 2500 多点时，它们发生相交。这说明，若特征点集合的规模小于 2500 点时，在时间效率上穷尽搜索更具有优越性，这就与人们的直觉印象有差异。然后观察 BBF 曲线，由图可知其大部分时间都耗费在 Kd-树的构建上，而穷尽搜索则省去了这部分多余的时间。因此，当特征点集规模小时，应用穷尽搜索将会有更高的时间效率。但在某些实际应用场合，若特征点集的 Kd-树的建立是事先离线构建的，则选择 BBF 方法进行特征点的匹配是毫无疑问的。

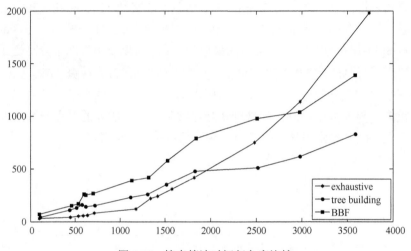

图 4.10　搜索算法时间复杂度比较

4.2　优化提取算法

这一节为具体讨论两图像对间特征点匹配问题，首先假设一幅图像中的特征点描述矢量是参考集 $\{p_i\}$，$i=1,2,\cdots,n$，另外一幅图像中的特征点描述矢量是待匹配集 $\{q_j\}$，$j=1,2,\cdots,m$。由 4.1 节介绍的查询算法可知，对于每一个 q_j 在参考集中都能搜索到与其距离最近的 p_i，则数据 q_j 和 p_i 即构成一个数据匹配对 $\langle p_i,q_j\rangle$。尽管匹配对中两数据点最近，但是这并不能说明它们在图像区域中是对应相同的。若图像区域对应相同，则正确匹配对是指匹配对中两个数据间的距离很小，理想条件下为零。若参考集中缺少和 q_j 匹配的特征点，搜索到的最近邻 p_i 与 q_j 距离较大，这种匹配对则被认为是错误的匹配。在 q_j 与参考集中一个以上的点有相近距离时，则 q_j 与其最近邻构成的匹配对很可能是错误匹配对。

综上所述，由查询方法获得的最近邻并不能完全保证匹配是正确的，其匹配正确与否在后续过程还需要进行检验，即进行优化提取把错误的匹配对移除，以提高正确匹配率。在局部特征匹配的研究方面，优化提取的方法很多，本节讨论两种实用的算法，即比值法和一致性法。

4.2.1 比值法

在 4.1 节的例子中，应用的均是 1-近邻查询算法，该算法可以被扩展至查询 k-近邻（$k>1$），则比值法就是应用这些 k-近邻数据点的某些信息进行误匹配的移除的。其过程是，在令 $k=2$ 时，不仅要查询到最近邻，而且还要查询到次近邻。图 4.11 就是某个数据点与其最近邻和次近邻的空间分布示意图。图中 R_1, R_2 分别表示位于图像中坐标零点处数据点的最近邻和次近邻，它们的比值小于 0.8（即 $R_1 / R_2 < 0.8$）时，该匹配点对是正确匹配的概率较高；否则该匹配对就很可能是错误的匹配。图 4.12 是对 40000 多个特征点统计其各自最近邻与次近邻距离比值获得的概率分别曲线图。由图可知，正确匹配和错误匹配的距离比值的统计分布是完全不相同的。由此可见，为了提高判断匹配对正确性的概率有必要引进次近邻。由上述分析，可以把移除错误匹配的第一种方法总结如下：对待匹配集中所有特征点，在参考集中查询获得其最近邻和次近邻，若满足式（3-37），则该特征点对被认为是正确匹配点对，对其进行保留，否则移除该匹配点对。关系式中的判断阈值 Threshold $\in (0,1)$，一般取 0.49。

4.2.2 一致性法

在讨论一致性优化提取方法前，先介绍图像间的变换关系。对相同场景而视角不同的图像，若图像间不存在成像畸变，则它们具有一一对应关系。在其齐次坐标系中，图像 $I(x,y,1)^T$ 和 $I'(x',y',1)^T$ 间满足透视变换关系：

$$I' \sim HI = \begin{bmatrix} h_1 & h_2 & h_3 \\ h_4 & h_5 & h_6 \\ h_7 & h_8 & h_9 \end{bmatrix} \qquad (4\text{-}1)$$

式中，符号"~"为左右两侧存在一定的比例关系，在矩阵 H 中有 8 变量是独立的，而且该矩阵具有旋转不变性。上述透视变换关系可以具体表示成下式：

$$\begin{aligned} x' &= \frac{h_1 x + h_2 y + h_3}{h_7 x + h_8 y + h_9} \\ y' &= \frac{h_4 x + h_5 y + h_6}{h_7 x + h_8 y + h_9} \end{aligned} \qquad (4\text{-}2)$$

由上述关系式可知，计算两幅图像间的变换关系仅需要 4 个对应匹配对即可。

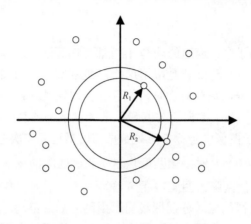

图 4.11　最近邻与次近邻示意图

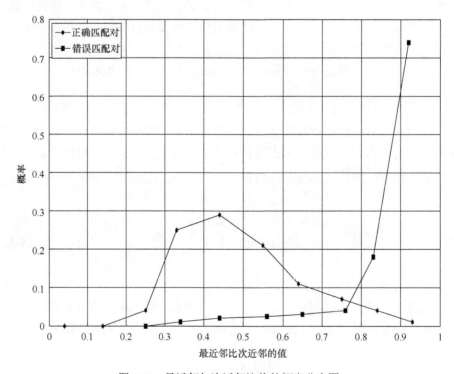

图 4.12　最近邻与次近邻比值的概率分布图

对特征丰富的图像，若采用前面章节介绍的图像匹配算法，则会获得海量的特征点匹配对，然而图像间的变换关系的计算却仅需 4 个匹配对即可求解，所以这种情况是数值分析中典型的过定问题。对一般过定问题的求解，采用最小二乘法即可，但是这种方法却不可以直接用来求解变换关系问题。图 4.13 就是典型的直接采用最小二乘法对直线进行拟合而没有成功的例子。有一组能够拟合成一条直线的二维坐标点，其中实线表示理想的拟合状态。由此可知，在其中点集中有一数据点与大部分点都有很大的偏离，这种点一般被称为外点或野点。其中，虚线是直接采用最小二乘法进行拟合的结果，其与理想直线偏差很大。同样在求解图像间变换关系时也会遇到这种现象。

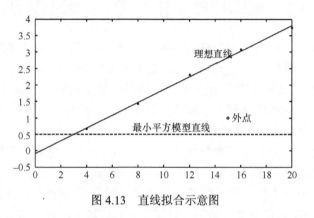

图 4.13　直线拟合示意图

除去错误的数据点（外点）对图像变换关系的影响是一致性优化提取算法的目的。其中经常用到的鲁棒算法有 Least Median of Squares、M 估计法、MLESAC 算法、RANSAC 算法等（Taylor，2002）。因为 RANSAC 算法实现起来较简单，且性能良好，因此在误匹配移除方面应用较多，这也是本书主要采用的方法，所以本节将重点讨论该算法。

1981 年，Fisher 和 Bolles（1981）首先提出 RANSAC 算法，其全称是 random sample consensus，即随机抽样一致性，该算法是一种估计数学模型的参数迭代算法。应用采样和验证策略对大部分样本（本书指特征点）都能满足的数学模型参数进行解算是其主要思想。随迭代次数的逐渐增加模型参数的正确率获得逐步提高是其主要特点。在迭代时，随机选取的样本应包含确定模型参数需要的最小数据集合，否则就无法获得确定的解，然后对该数据集中符合该模型参数的样本数目进行统计，最终的模型参数是样本符合最多的模型参数。符合该模型的点被称为内点（inliers），否则被称为外点（outliers）。在图像匹配时，为获得最佳的匹配参数，就必须把所有不符合模型的错误匹配点对（外点）移除，采用图 4.13 说明 RANSAC 是如何消除外点，获得最佳的参数估计。由于两个点即可以对直线进行拟合，因此在该例中每次随机抽取两个样本点，获得一条直线方程，并计算出数据集中其余的点到该直线的距离，若距离小于给定的阈值，则该点就被认为是内点，否则就是外点。而后对符合该直线方程的内点个数进行统计，按照上述方法不断重复采样和验证，就可估计出大量的直线方程参数。最后，把内点数最多的直线作为最佳数学模型的参数估计。由此可知，RANSAC 思想的核心是把数据点区分成两部分：内点和外点。内点即符合实际模型的点，与此相对的外点是不符合实际模型的点，因此，对模型参数估计时仅采用内点。这种思想对剔除图像对中的错误匹配点对是非常有效地，能够获得更鲁棒的匹配结果。

4.3 集成局部互补不变特征配准算法

集成 MSER 和 SIFT-AMMI 互补不变特征配准算法是基于模式识别和匹配中效果明显优于其他特征的 MSER 和 SIFT 不变特征，首先利用 MSER 的仿射不变性（陈冰等，2011）进行粗匹配，然后采用第 3 章提出的集成 SIFT-AIM 描述符的尺度不变性和仿射不变矩描述符（Flusser and Suk，1993）的仿射不变性实现精匹配，最终实现倾斜影像的正确配准。与 SIFT 算法相比，该算法不仅能提高倾斜影像的匹配正确率和降低匹配时间，且能增强仿射不变性，但是该配准方法主要适用于光学影像配。

目前针对光学影像提出的配准算法很多，但由于 SAR 影像成像特点，这些方法应用于 SAR 影像配准的结果不理想。为解决这一问题，本书提出另外一种集成配准方法即将 SIFT-AIM 特征与 Canny 边缘提取算子相结合，该方法首先利用 Canny 边缘分割的区域进行粗匹配，然后应用改进 Canny 边缘特征的 SIFT-AIM 算法进行精匹配，最终使 SAR 影像获得精确的配准方法。该方法降低由单纯使用 SIFT 特征产生的巨大计算量。通过实验分析得知该方法能够使矿区 SAR 影像准确配准，从而为采用 SAR 监测矿区变形及生态环境变化提供简便、有效的工具。

4.3.1 集成 MSER 和 SIFT-AIM 互补不变特征配准方法

在配准算法中特征选择是非常关键的一步。对大失配影像，若匹配时只应用影像的单一特征不仅精度低，而且成功率也不高。由于 MSER 特征具有公认的最佳仿射不变性（尤其对存在人尺度变化影像效果更明显），并能够检测出包含大量图像结构信息的区域。而 SIFT 特征对旋转和尺度变换、亮度变换具有不变性，以及对视角变换、仿射变换、噪声等也具有一定程度的稳定性，因此，若有效集成这两类互补不变特征，将会使不同类型的检测区域增多，从而使匹配获得进一步增强，最终使配准精度得到提高。本书提出的集成互补不变特征配准算法的流程如图 4.14 所示，其中不变特征提取与描述、特征匹配、变换参数估计和重采样是主要组成部分。

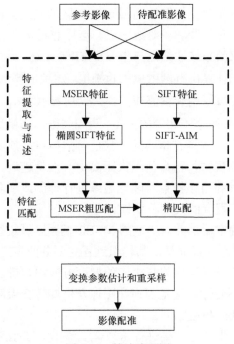

图 4.14 算法流程图

1）特征提取与描述

对 MSER 和 SIFT 特征提取采用第 3.3 节高效特征提取算法提取 MSER 区域特征和 SIFT 特征，然后采用 3.4.3 节提出的集成描述符对 MSER 特征进行描述建立特征矢量。下面主要讨论 MSER 特征描述。

对 MSER 特征区域描述时，本书参考 SIFT 描述子构造方法，对检测到的椭圆 MSER 特征区域构造 SIFT 特征向量。与 Lowe 提出的正方形 SIFT 特征构造不同在于椭圆区域划分和高斯加权函数。为保证每个子区域计算特征的梯度方向数相同，因此本书将每个椭圆区域按等面积划分成 8 个子区域，划分结果如图 4.15 所示。

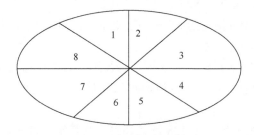

图 4.15 椭圆区域划分

划分过程是：首先根据提取的椭圆 MSER 区域确定该椭圆的外接矩形，然后分别连接矩形的两对角线和各对边中点，这样椭圆就被划分成 8 个面积相等的区域。在高斯加权函数选取方面与正方形 SIFT 描述子不同，椭圆 SIFT 高斯加权函数选取是分别计算出椭圆区域的长轴值、短轴值和短轴的方向 a,b,θ，则二维高斯函数的方差可以用长轴值和短轴值分别表示为 $\sigma_1 = a/2$、$\sigma_2 = b/2$，这样椭圆 SIFT 即具有两个不相等的方差，运用二维高斯函数对每个区域进行加权，这样即可使每个区域具有相同的加权值，然后将高斯函数旋转到与短轴方向一致。高斯函数加权时，函数值越大距离中心点就越近，这个特点突出了区域中心的作用，可以利用该特点对区域边缘进行抑制或削弱，这样可以使提取的特征向量具有一定程度的尺度不变性。

高斯加权函数确定后，并对提取的 MSER 椭圆区域进行等面积划分，就可以应用 Lowe 方法构造特征向量，其构造过程主要分两步进行。

第一步，在各个子区域内将每个点的梯度方向均与椭圆短轴方向相减，以保证特征量的旋转不变性，这是因为在图像发生旋转变换时，椭圆短轴旋转的角度与图像旋转变换的角度相同。

第二步，对第一步差值结果进行 8 个等级量化，并且利用直方图对每个点的梯度方向进行统计，而后用梯度幅度与高斯函数的乘积进行加权计算直方图。

这样对每个子区域都以梯度方向直方图作为特征向量产生一个 8 维的特征向量，由于每个椭圆区域的特征向量由 8 个子区域组成，因此形成一个 $8 \times 8 = 64$ 维的特征向量。

2）MSER 特征粗匹配

粗匹配目的是获得配准图像间的旋转角度及缩放尺度，初步校正待配准图像的空间几何变换。匹配过程是：首先，对采用 MSER 特征提取的归一化椭圆区域特征，剔除不稳定的区域特征；然后，对余下的区域特征采用椭圆 SIFT 描述符进行描述。利用这些少量的 SIFT 特征点进行图像粗匹配，对图像进行初步校正。这样可以节省遥感图像直接提取所有 SIFT 特征点所耗费的大量时间，进而提高 SIFT 算法在遥感影像中的应用。其粗匹配基本步骤如下：

（1）对提取的少量稳定的 MSER 椭圆归一化区域的中心采用 SIFT 描述符进行描述构建 SIFT 特征矢量；

（2）以最近邻特征点距离比次近邻特征点距离的比值与阈值（一般取 0.6）相比，用小于该阈值的点对作为初始匹配点对，用以初步校正图像空间的几何变形。

由于 SIFT 描述子是一个 128 维的高维不变特征描述子，不同的不变特征点描述符存在较大差异，若是利用文献（Liu et al., 2004）所提的最近邻距离与次近邻距离之比作为匹配的相似性测度，进行图像的初始匹配。符合式（3-37）的两个不变特征即被认为是正确的匹配点对。由于采用该算法检测到的正确匹配点对间的最近距离要比错误匹配点对的最近距离明显的短，因此应用这种检测算法可以得到明显稳定的初始匹配。

在上述初始匹配中可能存在错误的匹配点对。这些错误的匹配点对将会对配准变换参数的求解造成较大的影响，导致配准结果不理想。因此，为了提高配准精度，必须剔除这些错误的匹配。本书应用模式识别中性能较好的马氏距离来剔除错误匹配的特征点对，其过程如下：

设 n 个样本点构成的样本空间为 $X = \left\{ (x_1, y_1)^{\mathrm{T}}, (x_2, y_2)^{\mathrm{T}}, \cdots, (x_n, y_n)^{\mathrm{T}} \right\}$，样本均值为 $\eta = (\eta_x, \eta_y)^{\mathrm{T}}$，则样本空间的任意样本点 $x_i = (x_i, y_i)^{\mathrm{T}}$，$i = 1, 2, \cdots, n$ 到样本均值的马氏距离定义为

$$d_i = \sqrt{(x_i - \eta)\Sigma^{-1}(x_i - \eta)^{\mathrm{T}}} \tag{4-3}$$

式中，Σ^{-1} 为协方差矩阵 Σ 的逆矩阵，则样本均值 η 与协方差矩阵 Σ 的数学表达式分别为

$$\begin{cases} \eta_x = \displaystyle\sum_{i=1}^{n} x_i \\ \eta_y = \displaystyle\sum_{i=1}^{n} y_i \end{cases}$$

$$\eta = \frac{\left[\eta_x, \eta_y \right]^{\mathrm{T}}}{n} \tag{4-4}$$

$$\Sigma = \frac{\displaystyle\sum_{i=1}^{n} \begin{bmatrix} x_i - \eta_x \\ y_i - \eta_y \end{bmatrix} \begin{bmatrix} x_i - \eta_x, y_i - \eta_y \end{bmatrix}}{n}$$

假定参考图像 I_1 与待配准图像 I_2 符合仿射变换关系，假设一组对应点对分别记为 $X_1 = \left\{ (x_{11}, y_{11})^{\mathrm{T}}, (x_{12}, y_{12})^{\mathrm{T}}, \cdots, (x_{1n}, y_{1n})^{\mathrm{T}} \right\}$ 与 $X_2 = \left\{ (x_{21}, y_{21})^{\mathrm{T}}, (x_{22}, y_{22})^{\mathrm{T}}, \cdots, (x_{2n}, y_{2n})^{\mathrm{T}} \right\}$，根据式（4-3）分别计算 X_1 和 X_2 相应的马氏距离 $d_1 = \left\{ d_{1(1)}, d_{1(2)}, \cdots, d_{1(n)} \right\}$ 与 $d_2 = \left\{ d_{2(1)}, d_{2(2)}, \cdots, d_{2(n)} \right\}$。该对应点对间的马氏距离方差和为

$$S = \sum_{i=1}^{n} (d_{1(i)} - d_{2(i)})^2 \bigg/ n \, 。$$

由于马氏距离具有仿射不变性，因此有 $d_1 = d_2$，$S = 0$。在实际影像中，可以把标准差 S 很小的一组对应点对认为具有仿射不变性，因此可以应用马氏距离的仿射不变性剔除错误匹配点对。

3）SIFT-AIM 特征精匹配

粗匹配初步校正待配准影像的空间几何变形，然后进行精匹配。精匹配过程是对图像进行 SIFT 特征提取。在精匹配阶段采用 SIFT-AIM 描述子，即基于 SIFT 特征与区域仿射不变矩特征（刘黎宁等，2012）相结合构造新的描述子对提取的 SIFT 特征点进行描述。仿射不变矩特征是由图像的归一化中心矩计算得到，与 SIFT 特征相似之处是都具有旋转和尺度不变性，同时还具有仿射不变性。

对经过粗匹配校正后的图像，为了能够实现图像间的高精度配准，在精匹配阶段运用 SIFT-AIM 特征矢量的欧氏距离采用式（3-43）进行匹配。但是受背景噪声和计算精度等影响，经欧氏距离匹配后，仍会存在大量的错误匹配，因此，在此选用前面讨论的一致性优化提取算法中的 RANSAC 算法剔除错误的匹配点对，以此达到图像的高精度配准，其具体步骤是：

（1）应用 SIFT-AIM 特征的欧氏距离的最近邻与次近邻距离比值确定候选匹配点对，在候选匹配点对中任选 3 对匹配点对确定模型的参数：

$$\begin{bmatrix} x' \\ y' \end{bmatrix} = s \begin{bmatrix} \cos\alpha & -\sin\alpha \\ \sin\alpha & \cos\alpha \end{bmatrix} \begin{bmatrix} x \\ y \end{bmatrix} + \begin{bmatrix} t_x \\ t_y \end{bmatrix} \tag{4-5}$$

式中，（x', y'）和（x, y）为存在仿射变换的两幅影像中的对应点坐标；s 为影像间缩放系数；α 为影像间旋转角度；t_x 和 t_y 为影像间坐标平移。令 $A = \begin{bmatrix} s\cos\alpha & -s\sin\alpha \\ s\sin\alpha & s\cos\alpha \end{bmatrix} = \begin{bmatrix} a_{11} & a_{12} \\ a_{21} & a_{22} \end{bmatrix}$，矩阵 A 称为仿射变换矩阵，则参数 $a_{11}, a_{12}, a_{21}, a_{22}, t_x, t_y$ 称为模型变换参数，它们决定匹配影像对之间的坐标转换关系，只要 3 个匹配点对即可求取这 6 个参数。如果方程的个数大于参数的个数时，则该方程组称为过约束方程组，此时可采用最小二乘估计模型求解最佳变换参数。对所求得的非整数坐标值采用双线性差值法从整数坐标值中估算。

（2）在余下的匹配点对中，若任选第 i 对候选匹配点 (x_{li}, y_{li}) 和点 (x_{ri}, y_{ri})，将点 (x_{li}, y_{li}) 通过式（4-5）变换得到在待匹配图像中坐标为 (x_i, y_i)，如果

$\left|x_{ri} - x_i\right| < e$，且$\left|y_{ri} - y_i\right| < e$，则认为该点对在误差$e$范围内满足式（4-5）的变换参数，如果满足这个条件，则匹配点计数cP就增加 1，继续重复该步骤，当余下的点都被取完时即进行下步操作。

（3）当$cP > T$（阈值）时，则此时的变换参数即作为最终仿射变换参数，此时结束运算，否则返回步骤（1）。

（4）在计算所有任意 3 点对组合后，结束运算，取cP达到最大值时的变换参数作为式（4-5）的最终仿射变换参数，并把满足最终参数的变换点对作为正确匹配点对。

4.3.2 集成 Canny 边缘和 SIFT-AIM 互补不变特征配准方法

图像配准技术是图像处理领域的核心技术，各种成熟的配准算法已经被广泛应用到遥感图像处理、计算机视觉及模式识别等领域。而基于特征的配准算法是目前国内外研究的热点和难点之一。基于特征的配准算法主要有基于 SIFT 特征配准法、基于 Harris 点特征配准算法及基于最大极值稳定区域（MSER）配准算法等，这些算法在光学影像配准中已经获得成功应用。由于 SAR 影像与光学影像成像机理不同，所以在光学影像中配准的有效算法直接用在 SAR 影像配准中存在精度低，误匹配率高等缺陷。由于 SAR 影像受斑点噪声影响较大，若直接采用点特征进行配准，很难达到要求，因此本书结合局部不变特征的互补性，提出首先采用区域匹配实现影像的粗匹配，而后采用 SIFT 特征进行精确配准。配准流程如图 4.16 所示。

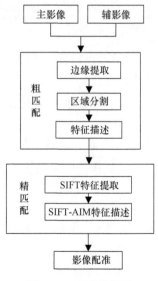

图 4.16　配准流程图

1. 区域粗匹配

由于区域特征相对于点特征与线特征来说，具有更多可供配准使用的信息，因此采用区域特征进行 SAR 影像的粗匹配，初步纠正主辅影像的空间几何变换。在基于区域特征的匹配中，提取典型的区域是至关重要的，即把主辅影像分别分割成区域特征，而分割是基于图像边缘特征。该过程由影像边缘检测和边缘连接来实现。

本书提出一种集成 Canny 算子（Long and Wu，2011）、强度算子及数学形态优化方法来完成边缘提取和连接以实现影像分割。这样不仅保证边缘提取的准确性和保护弱边缘，而且还可以快速完成边缘优化和连接。

1）边缘提取与连接

1986 年由 Canny 提出的 Canny 边缘提取算子（李昆仑等，2009）是目前一种比较好的边缘提取算子，该算子是基于 Gauss 函数的一阶导数。该算子检测边缘时与 LOG 算子、Sobel 算子及 Laplacian 算子相比具有定位精度高及能够有效抑制虚假边缘点等优点。其边缘检测的具体步骤如下：

（1）对原始影像进行高斯滤波，消除影像中噪声污染。数学表达式如下：

$$G(x,y) = H(x,y) * I(x,y) \qquad (4\text{-}6)$$

式中，$H(x,y) = e^{-\frac{(x^2+y^2)}{2\sigma^2}}$ 为高斯核函数，σ 为平滑参数；(x,y) 为图像中的像素点坐标。

（2）对图像再次采用高斯函数的一阶偏导数进行滤波，然后计算每个像素点的梯度大小 $M(x,y)$ 和方向 $\theta(x,y)$。

（3）利用局部梯度极大点抑制非极值点。这是因为全局梯度不能确定边缘点。

（4）采用双阈值法检测边缘点并进行边缘连接。

经过（1）~（4）步操作后分别获得原主辅影像的边缘影像 I_1 和 I_2。

2）边缘优化

由于 SAR 影像受噪声污染较严重，因此在检测边缘像素时仍会有孤立的像素点，甚至会出现个别"虚假边缘"。而在匹配时仅采用那些典型的大区域，因此用形态学上的开启和闭合算子移除小区域的边缘，或虚假边缘。余下大区域边缘组成边缘图像 I_{oi} $(i=1,2)$，这样可以降低运算量。然后对边缘图像进行优化，对未构成闭合区域的边缘再进行形态膨胀连接，并腐蚀细化，得到图像 I_{Ti} $(i=1,2)$。最后对封闭区域进行填充，产生图像区域，其二值图被表示为 $I_{Ri}=\{R_i^1, R_i^2, \cdots, R_i^{Ni}\}$ $(i=1,2)$，其中 R_i^j 表示第 i 幅图像中的第 j 个区域。

3）区域特征匹配

获得区域特征图像后，若对两幅影像进行匹配，还要对两幅影像的区域特征进行描述。这种描述要力求消除影像间的平移、旋转、尺度等变换的影响。常用描述符主要有边界长度、边界曲率、矩、链码等。它们可以单独使用，也可以结合使用。本书采用前面讨论的 7 阶不变矩进行描述，该描述符能够有效快速地描述影像区域特征。其过程参考文献（吕金建等，2009），用影像区域的 7 个不变矩 $\varphi_1, \varphi_2, \cdots, \varphi_7$ 组成向量 $\phi^i = [\varphi_1 \; \varphi_2 \cdots \varphi_7]$ $(i=1,2)$ 来描述主辅影像区域。

对主辅影像区域的向量 ϕ^i 采用欧几里得距离作为相似性测度进行粗匹配，其距离计算公式：

$$D_{1,2} = \left\| \phi^1 - \phi^2 \right\| = \sqrt{\sum_{j=1}^{7} [\varphi_j^1 - \varphi_j^2]^2} \tag{4-7}$$

采用式（4-7）作为匹配的相似性测度时，其值越小匹配的精度就越高。

SAR 影像经过粗匹配后，已经初步纠正其空间几何变换，但是其精度不高，为了使 SAR 影像达到对复杂地区进行精确监测的目的，仍需要继续提高匹配精度。

2. SIFT-AIM 特征精匹配

1）特征点提取与描述

由于 SIFT 检测到的特征点数量较大，因此运用 Canny 边缘检测算法提取图像边缘点，比较其坐标与 SIFT 候选特征点坐标是否相等，据此判断是否去除 SIFT 特征点。这样能够提高 SIFT 特征点的抗噪能力，从而增强 SIFT 算法的稳定性。因此，精匹配借鉴杨秋菊和肖雪梅（2011）提出改进的 Canny 特征 SIFT 检测方法，采用改进的 Canny 特征 SIFT-AIM 检测方法进行匹配。其具体步骤如下：

（1）采用 SIFT 算子检测候选特征点，然后应用 DOG 算子的主曲率过滤掉部分边缘响应点，最后计算每个特征点 p_1 在原图中的位置。由于 Canny 算法检测的边缘点坐标为整数，因此 SIFT 算法提取的特征点坐标相应的也取整数。

（2）对在粗匹配阶段采用 Canny 算子提取的每个边缘点 p_2，采用 Canny 算法计算出其 3×3 邻域内点集 p_3。

（3）比较步骤（1）和步骤（2）中的候选特征点 p_1 和边缘点 p_2 的坐标是否相等。如果相等就把特征点 p_1 舍弃，否则 p_1 继续与点集 p_3 进行比较。若 p_3 中有与 p_1 坐标相等的点，则舍弃特征点 p_1；若仍然没有相等的点，则 p_1 继续与由步骤（2）生成的其他边缘点进行比较。如果有与 p_1 坐标相等的点，则移除 p_1，否则保留，整个过程可以用式（4-8）和式（4-9）表示：

$$f_1 = p_1 - p_2 \tag{4-8}$$

$$f_2 = size[(p_3 - p_1),1] \tag{4-9}$$

其中，当 f_1 值为 0 时，舍弃特征点 p_1，否则继续运算式（4-9）；当 f_2 的值为 8 时，保留特征点 p_1；当 f_2 为 7 时，则舍弃特征点 p_1。

SAR 影像经过上述步骤处理后，获得稳定的 SIFT 特征点。对这些稳定的特征点采用 SIF-AIM 特征描述符进行描述。这样获得的 SIFT-AIM 特征矢量不仅具有尺度不变性和旋转不变性，而且去除了光照变化的影响，同时降低建立描述符所耗费的时间。

2）影像匹配

对 SIFT-AIM 特征矢量采用最近邻与次近邻比值作为相似性测度进行匹配，若该比值小于某个阈值，则其对应的点作为正确匹配，否则就舍弃。但是如果采用较小的比值虽然可以获得准确率好的匹配结果，但部分正确匹配也被舍弃掉，因此本书采用经验值 0.6 的比值进行匹配。对于出现的误匹配则采用前面讨论的优化提取算法中去除误匹配比较成功的 RANSAC 算法对错误匹配点对进行剔除。

3. 影像配准

由经匹配获得最佳仿射变换参数，然后将辅影像向主影像进行重采样，辅影像中每点坐标 $(x_i^{''}, y_i^{''})$ 满足式（4-5），求得非整数坐标值采用双线性插值法从整数坐标值中估算出来。

4.3.3 实验结果与分析

为验证本书提出的集成算法对遥感图像配准的有效性，下面对两种集成算法分别进行实验。在所有实验中，假设图像对间仅发生仿射变换，即 $P=(a_1,b_1,t_1,a_2,b_2,t_2)$。并且所有实验均在酷睿双核 3.0G 处理器，4G 内存，Windows XP 操作系统，Matlab 7.13 为平台进行实验。

1. 集成 MSER 和 SIFT-AIM 互补不变特征配准方法实验结果与分析

为验证集成 MSER 和 SIFT-AIM 互补不变特征配准方法的可行性，本书设计三组实验，第一组是对由相同传感器获得的图像进行配准；第二组是对由不同传感器获得图像进行配准；第三组是对由不同成像机理的图像进行配准。每组实验均进行了大量的图像配准操作，本书对每组实验仅提供一种实验结果。

在实验中，取误差 $e=2$，如候选匹配数为 N，则阈值 T 可取 $N/4$。由于错误匹配点对总是小于正确匹配点对，因此，RANSAC 收敛速度比较快，不需要计算所有候选匹配点的组合。

1）同源图像配准

该组实验数据采用的是 2008 年在德国柏林拍摄的无人机影像，分辨率为 0.9m。参考影像与待匹配影像大小分别为 736×1016 像素与 586×865 像素。其原始图像如图 4.17 所示，配准过程如下。

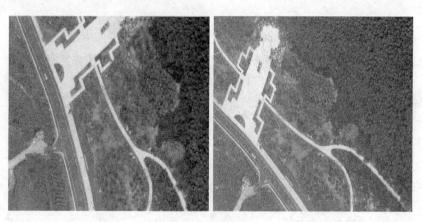

图 4.17　原始图像

A. MSER 粗匹配

图像预处理后，用 MSER 算法提取特征，如图 4.18 所示，然后用 SIFT 描述子描述，最后采用 BBF 查询算法进行最近邻与次近邻搜索。并应用马氏距离剔除错误匹配。本实验中在粗匹配阶段应用的最近邻与次近邻距离比的阈值为 0.5，获得正确的匹配点对 9 对，从中任选 3 对为一组，求得仿射变换模型式（4-5）的变换参数，进行图像的初步校正。

B. SIFT-AIM 精匹配

用 SIFT 算法提取影像的 SIFT 特征，然后采用 SIFT-AIM 描述符即用式（3-42）进行描述，如图 4.19 所示。图 4.20 是运用 RANSAC 剔除不稳定的误匹配点对后的结果，正确匹配点对是 189 对。图 4.21 是对正确的匹配点对采用最小二乘仿射变换配准结果。本方法与原始的 SIFT 配准方法相比较结果列于表 4.2 中。

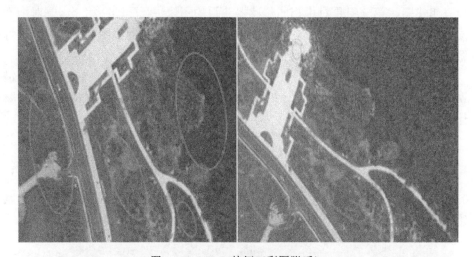

图 4.18　MSER 特征（彩图附后）

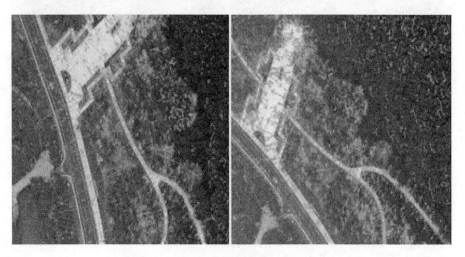

图 4.19　SIFT-AIM 描述矢量（彩图附后）

由表 4.2 可以看出，本书方法无论是在特征提取与描述阶段，还是在配准阶段其所用时间均比 SIFT 方法节省很多。本书方法提取的特征点数比 SIFT 方法提取的点数有所减少，这是由于影像经过初步校正后发生旋转时，有一小部分旋出影像范围导致的结果。但是在正确匹配率上本书方法要比 SIFT 高15%。这说明本书方法在抗背景杂乱特征点的干扰能力比 SIFT 方法强。影像间的缩放比例与旋转角度是运用最小二乘法计算模型式（4-8）的仿射变换参数得到的。由图 4.20 可以看出，配准后图像非常清晰，即验证本书方法配准的精确性。

图 4.20　正确匹配（彩图附后）

图 4.21　配准结果

表 4.2　配准各项数据及比较结果

配准方法	总特征点数	粗匹配/对	正确匹配/对	特征提取与描述耗时/s	配准耗时/s
本书方法	2411 2330	571	189	261.10	50.61
SIFT 方法	2431 2281	588	109	540.93	326.42

2）非同源图像配准

该实验采用的实验数据是 IKONOS 图像和 QuickBird 图像，大小分别为：322×362 像素和 457×361 像素。其原始图像如图 4.22 所示，其中，图 4.22（a）是 IKONOS 图像，图 4.22（b）是 QuickBird 图像。IKONOS 图像拍摄于 2000 年，分辨率为 4m；QuickBird 图像拍摄于 2004 年，分辨率为 2.44m。采用本书提出的集成 SIFT-AIM 配准方法的配准过程如下：

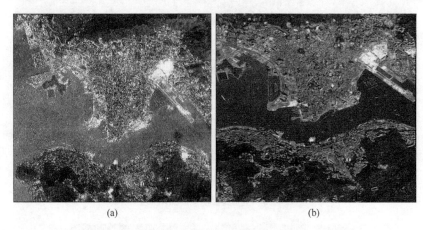

(a)   (b)

图 4.22 原始图像

A. MSER 粗匹配

与同源遥感图像匹配方法相同，首先用 MSER 算法提取特征，然后用 SIFT 描述子描述，最后仍采用 BBF 查询算法进行最近邻与次近邻搜索。并应用马氏距离剔除错误匹配。该组实验中在粗匹配阶段应用的最近邻与次近邻距离比的阈值设置为 0.6，获得正确的匹配点对 13 对，从中任选 3 对为一组，求得仿射变换模型式（4-5）的变换参数，进行图像的初步校正。

B. SIFT-AIM 精匹配

用 SIFT 算法提取影像的 SIFT 特征，然后采用 SIFT-AIM 描述符即用式（3-42）进行描述，如图 4.23 和图 4.24 所示。图 4.25 是运用 RANSAC 剔除不稳定的错误匹配点对后的结果，正确匹配点对是 15 对。图 4.26 是对正确的匹配点对采用最小二乘仿射变换配准结果。其匹配的各向数据及与直接采用 SIFT 配准方法相比较结果列于表 4.3 中。

由表 4.3 可知，该集成配准算法配准不同源的遥感影像与 SIFT 方法相比在耗时方面有了大幅度的降低。而且虽然正确匹配点对与 SIFT 方法相比相差不大，但正确匹配率却有了明显提高。

图 4.23 QuickBird 图像特征矢量图（彩图附后）

图 4.24 IKONOS 图像特征矢量图（彩图附后）

3）不同成像机理的图像配准

该试验采用的实验数据是山东省兖州市某矿区附近的 Terra-SAR 影像和 World View-2 影像，影像获取时间分别是 2012 年 9 月 14 日和 15 日；影像大小分别为 327×242 像素和 359×321 像素，分辨率分别为 3m 和 2m。其原始影像如图 4.27 所示。

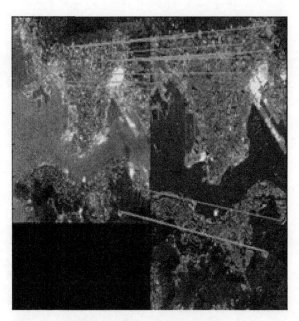

图 4.25　精匹配结果（彩图附后）

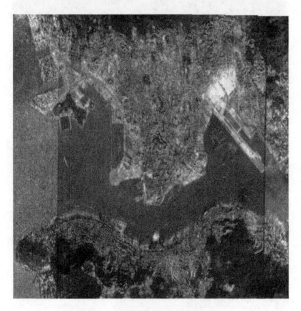

图 4.26　配准结果（彩图附后）

表 4.3　匹配各项数据及比较

配准方法	特征点数	粗匹配/对	正确匹配/对	特征提取与描述耗时/s	配准耗时/s
本书方法	1839 933	56	15	183.55	49.72
SIFT 方法	1819 983	126	13	320.57	301.23

(a) World View-2 (b) Terra-SAR

图 4.27 原始影像

对原始影像进行预处理后，采用 MSER 进行粗匹配时，由于 SAR 影像成像机理的特点导致匹配失败。而在使用 SIFT-AIM 进行匹配时，尽管提取到的特征点比较多，但是正确匹配率却很低。如图 4.28 所示，在 World View-2 影像中提取到 1087 个特征点，在 Terra-SAR 影像中提取到 1281 个特征点，但是运用最近邻与次近邻距离比的阈值取 0.7 时，仅获得 6 对匹配点对，其中就有 3 对是错误匹配，由此可知该配准算法不适合用于成像机理不同的影像对配准。

图 4.28 World View-2 影像与 Terra-SAR 影像匹配结果

综上所述，本书提出的集成 MSER 和 SIFT-AIM 局部互补不变特征的配准算法与 SIFT 算法相比，不仅节省了配准时间，而且增强了算法的仿射不变性。这主要因为 SIFT 特征点是 128 维的高维特征向量，加上遥感影像数据量大，因此计算量比较大。而改进的算法只有 67 维特征向量，这就大大降低了特征提取时间，从而降低了运算时间；另外，SIFT 算法本身并不具有仿射不变性，仅通过高斯加权弥补其不稳定点，而该集成方法结合仿射不变矩特征，不仅增强了算法的仿射不变性，而且提高了配准精度，在同源影像配准中更能显示其优越性。

2. 集成 Canny 边缘和 SIFT-AIM 互补不变特征配准方法实验与分析

为验证集成 Canny 边缘和 SIFT 互补不变特征配准方法对各种图像间配准的有效性，本书采用实际的 SAR 影像对进行配准实验。实验影像数据使用兖州矿区不同时期的 SAR 影像，影像分辨率为 3m，主、辅影像大小分别为：610×481像素和 698×535 像素。原始图像如图 4.29 所示，其配准过程如下：

(a) 主影像　　　　　　　　　　　(b) 辅影像

图 4.29　SAR 原始图像

1）区域粗匹配

采用 Canny 边缘检测算法提取出稳定的边缘特征，如图 4.30 所示。然后连接边缘进行区域分割，获得区域特征，如图 4.31 所示。小区域经膨胀腐蚀运算后被消除，余下 4 个典型的大区域。对这 4 个典型的大区域利用不变矩的欧几里得最小距离进行粗匹配，匹配数据列于表 4.4 中，表中单位是像素。由表 4.4可知，在图 4.31 中标有序号的区域是对应的正确匹配区域。

2）SIFT-AIM 精匹配

采用改进的 Canny 特征点的 SIFT-AIM 算法，并运用 RANSAC 去除错误匹配，最终获得正确匹配，其结果如图 4.32 所示。

经过上述两步匹配 SAR 影像获得精确配准，配准结果如图 4.33 所示。经计算本书配准方法的均方根误差为 0.6647，像素比用轮廓配准精度提高近 20%。与经典 SIFT 配准算法相比，本书方法不仅克服了经典 SIFT 算法提取的海量特征数据，而且利用 Canny 边缘检测能去除大部分的边缘响应点，提高 SIFT 特征点的稳定性。另外，采用本书方法与轮廓方法配准的兖州矿区 SAR 影像生成的

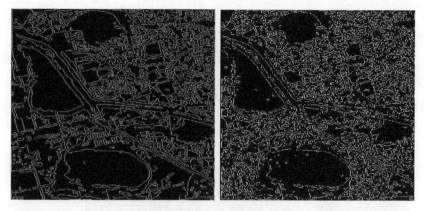

图 4.30　Canny 边缘检测

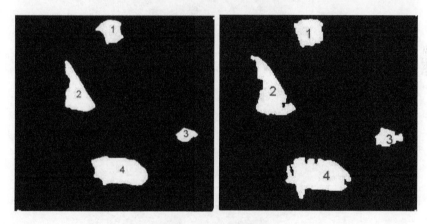

图 4.31　区域分割图

表 4.4　SAR 影像提取区域的不变矩距离值 D_{ij}　　　（单位：10^{-3}）

	`1	2	3	4
1	58.4215	195.2582	356.5865	396.0245
2	218.4795	77.0009	316.0290	222.0443
3	427.4197	401.8984	27.3488	227.9779
4	443.9141	333.5373	216.7661	34.5821

干涉相位图如图 4.34 所示。由干涉相位图可知，采用本书配准方法生成的干涉相位图比用轮廓配准法生成的干涉相位图质量有明显改善，因此本书方法能够为分析矿区的各种变化提供更可靠的数据。

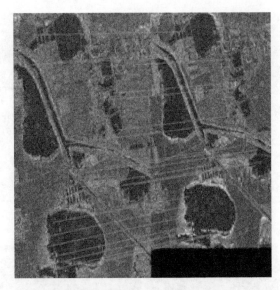

图 4.32　匹配结果（彩图附后）

图 4.33　配准结果

　　由以上讨论可知，该集成配准算法首先采用 Canny 边缘分割与数学形态运算，产生封闭区域，并对该区域使用不变矩进行描述，使 SAR 影像获得初步匹配；然后应用改进的 Canny 特征的 SIFT 进行精匹配；最后通过由粗到精两步匹配，获得精确配准的 SAR 影像。由于 SAR 后期处理对变形监测尤其是矿区沉陷监测非常重要，因此本书精确配准 SAR 影像的方法对研究矿区沉陷监测及采用 SAR 图像进行变化检测具有重要的意义。

(a) 用本书方法配准生成的干涉相位图   (b) 用轮廓法配准生成的干涉相位图

图 4.34　干涉相位图

4.4　本 章 小 结

　　本章主要讨论基于特征的配准方法中的关键步骤之一特征配准算子即最近邻查询算法。首先分析 Kd-树算法的构建过程及其查询流程，讨论其各种改进算法并与之进行比较。然后介绍了对搜索到错误匹配点对的移除算法，在该部分主要介绍的优化提取匹配算法是 RANSAC 算法。最后提出适合不同成像机理的两种基于局部互补不变特征的集成配准算法，并分别进行实验验证。

第5章 基于局部不变特征配准算法性能评价及应用

在前面章节中主要介绍了各种图像局部不变特征的提取方法、描述方法，并且提出了集成局部不变特征描述符和集成配准方法及其效果。本章将对以上不同配准模型进行性能评价分析。不同配准模型主要包括本书提出的集成MSER 和 SIFT-AIM 特征配准算法、SIFT 配准算法、SURF 配准算法、Hariss-Laplace+SIFT-AIM 配准算法，以及 Harris +SIFT 配准算法。由于 128 维的 SURF 描述符在图像匹配中取得的效果较好（Bay et al.，2006），因此本书取SURF 描述符为 128 维。以上配准模型主要针对光学遥感影像进行评价。

接下来本书将以各种实验来分别对以上配准模型从匹配的 Recall-Precision、匹配速度和匹配精度方面分别进行比较和评价。另外，对 SAR 影像间的配准方法即集成 Canny 边缘和 SIFT-AIM 互补不变特征配准方法将单独与边缘轮廓配准（Chang et al.，2005）方法从匹配精度方面单独进行比较和分析。

本章采用的实验数据集对同源光学遥感图像对如图 4.17 所示，不同源光学遥感图像如图 4.22 所示，在图像匹配时均采用最近邻匹配策略，搜索策略均采用高效的 BBF 搜索。在配准算法应用方面，本章主要讨论本书提出的集成配准算法在各种具体实例中的应用，包括图像融合、图像拼接和图像镶嵌，以及在矿区环境监测中的应用等。

5.1 配准 Recall-Precision 比较

令图像对中其中的一幅为参考图像 I_R，另一幅图像为待匹配图像 I_T。如果与特征点 P_i 和 P_j 相匹配的邻域分别是 T_i 和 T_j，则它们的描述符 Des_i 与 Des_j 的距离满足表达式 $\left\|\mathrm{Des}_i - \mathrm{Des}_j\right\| \leqslant \tau$。

将参考图像的每个描述符与待匹配图像的每个描述符进行匹配，然后分别统计正确匹配和错误匹配的个数。匹配结果记为 Recall-Precision（Mikolajczyk and Schmid，2004）。其中，Recall 用来表示正确匹配与相关匹配的比值，Precision 用来表示正确匹配与所有匹配的比值。其中是否是正确匹配由特征点的相对距离和邻域的区域重叠误差率来决定。

区域重叠误差率的表达形式为

$$\kappa_s = 1 - \frac{A \cap \left(H^\mathrm{T} BH\right)}{A \cup \left(H^\mathrm{T} BH\right)} \tag{5-1}$$

式中，A 和 B 为待匹配的区域；H 为参考图像和待匹配图像的同源性参数（Mikolajczyk and Schmid，2004）。

特征点 P_i 和 P_j 的相对距离用 l 表示，其表达式为

$$l = \left\| P_i - P_j \right\| \tag{5-2}$$

在实验中特征点的相对距离只有满足 $l<4$，且 $\kappa_s<0.5$ 时，A 和 B 才是正确匹配。

根据上述匹配过程，对实验数据集分别对同源光学遥感影像对和不同源遥感影像对进行匹配实验，对每种情况的实验结果，本书仅提供一组数据在文中显示。在实验中，对本书提出的集成配准模型（MSER&SIFT-AIM）比较的 Recall-Precision 是经过 MSER 粗匹配后的结果；Harris&SIFT-AIM 配准模型是指采用 Harris 算法提取的特征点结合 SIFT-AIM 描述符的配准模型；Harris&SIFT 配准模型是指采用 Harris 算法提取的特征点结合 SIFT 描述符的配准模型。本章采用的 SIFT 和 SURF 是在 MATLAB 平台下的源代码。

图 5.1 和图 5.2 分别是同源光学影像和非同源光学影像对的曲线结果对比图。在光学遥感影像对配准实验中，影像对间存在各种仿射变换。

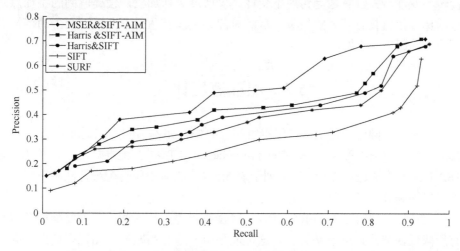

图 5.1 同源光学影像结果曲线

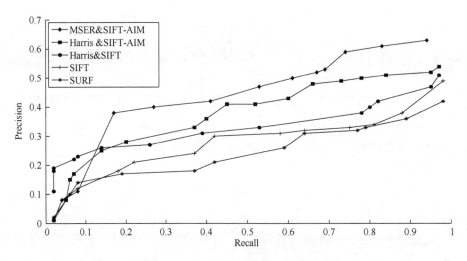

图 5.2　非同源光学影像结果曲线

无论是在同源光学影像对配准还是在异源光学影像对的配准实验中，影像对间均伴随着尺度变换、旋转变换及平移变换等各种仿射变换，同时还伴随有照度等其他变换。由图 5.1 和图 5.2 可知，MSER&SIFT-AIM 配准模型的匹配效果最好，其次是 Harris&SIFT-AIM 模型和 Harris&SIFT 模型，最后是 SIFT 模型和 SURF 模型。其原因是由于在粗匹配阶段所用的 MSER 具有较强的仿射不变性，而在精匹配阶段又集成了仿射不变矩（AIM）。在 Harris&SIFT-AIM 模型和 Harris&SIFT 中，虽然 Harris 不具有尺度不变性，但是却具有仿射不变性且在描述符阶段采用具有尺度不变性描述符。而在 SIFT 和 SURF 模型中仅考虑尺度和旋转不变性，并没有考虑仿射不变性。仅通过高斯加权，使提取到的特征点附近的梯度幅值具有较大的权重，从而对部分因没有仿射不变性而产生的特征点不稳定问题进行弥补。

5.2　配准速度比较

对来自相同传感器的光学配准时间实验中，将本书的集成配准算法与 SIFT 配准算法、SURF 配准算法、Hariss-Laplace+SIFT-AIM 配准算法，以及 Harris+SIFT 配准算法进行比较。结果列于表 5.1 中。实验中所有配准算法所采用的匹配策略均是基于最近邻距离的匹配方法。

在特征提取阶段 MSER&SIFT-AIM 配准模型所用时间比其他配准模型稍微有所降低，但是幅度不是太大。这可能是由于经过粗匹配后图像有旋出，导致特征点减少的缘故。由于 SIFT-AIM 描述符仅有 67 维，且具有较强的仿射不变性，而 SIFT 和 SURF 描述符均是 128 维，因此在描述符建立阶段 SIFT-AIM 所用时间明显比其他配准模型少得多。由表 5.1、表 5.2 可以看出，MSER&SIFT-AIM 配准模型所用总时间与 Harris&SIFT-AIM 配准模型所用总时间相差无几，但大约是 Harris&SIFT 和 SIFT 配准模型所用总时间的 2/5，是 SURF 配准模型所用总时间的 1/2。

表 5.1　同源光学影像间配准速度比较　（单位：s）

配准模型	特征提取时间	描述符耗时	配准耗时	总耗时
MSER&SIFT-AIM	148.26	56.42	50.61	255.29
Harris&SIFT-AIM	166.52	60.36	59.46	286.34
Harris&SIFT	166.52	171.28	311.26	649.06
SIFT	170.21	185.36	326.42	681.99
SURF	162.14	149.52	146.21	457.87

表 5.2　非同源光学影像间配准速度比较　（单位：s）

配准模型	特征提取时间	描述符耗时	配准耗时	总耗时
MSER&SIFT-AIM	132.29	51.26	49.72	233.27
Harris&SIFT-AIM	171.56	59.31	56.48	287.35
Harris&SIFT	171.56	135.61	296.11	603.28
SIFT	175.16	145.41	301.23	621.80
SURF	142.51	112.73	231.87	503.11

5.3　配准精度比较

对图像配准精度估计时，其测试点的来源一般有 3 种：已有基准点、采用比较稳健的特征配准方法获取的特征点和运用专业软件手工获取。本书采用第三种方法进行测试。在每组测试图像中分别选取 30 个参考点进行测试。

首先定义误差为

$$\begin{cases} \Delta x_j = f(x_j, y_j) \\ \Delta y_j = f(x_j, y_j) \end{cases} \tag{5-3}$$

式中，$f(x_j, y_j)$ 为参考图像的控制点坐标到待匹配图像的映射，对已经匹配的 n 个点对 $(x_{lj}, y_{lj}) \sim (x_{rj}, y_{rj})$，令点 (x_{lj}, y_{lj}) 经过仿射变换模型式（4-5）得到的坐标为 (x'_{lj}, y'_{lj})，则沿 x, y 方向的均方根误差及其总的均方根误差分别记为

$$RMSE_x = \sqrt{\dfrac{\sum\limits_{j=1}^{n}(x_{lj} - x'_{lj})^2}{n}}$$

$$RMSE_y = \sqrt{\dfrac{\sum\limits_{j=1}^{n}(y_{lj} - y'_{lj})^2}{n}}$$

$$RMSE = \sqrt{RMSE_x^2 + RMSE_y^2}$$

各种配准模型误差结果见表 5.3、表 5.4，表中各单位均是像素。

表 5.3　同源光学影像间配准精度比较

配准模型	$RMSE_x$	$RMSE_y$	RMSE
MSER&SIFT-AIM	0.5011	0.4153	0.6508
Harris&SIFT-AIM	0.5516	0.4497	0.7117
Harris&SIFT	0.6216	0.5142	0.8738
SIFT	0.5651	0.5049	0.7578
SURF	0.5101	0.5206	0.7288

表 5.4　非同源光学影像间配准精度比较

配准模型	$RMSE_x$	$RMSE_y$	RMSE
MSER&SIFT-AIM	0.5414	0.4166	0.6832
Harris&SIFT-AIM	0.4926	0.5018	0.7031
Harris&SIFT	0.5156	0.5651	0.7649
SIFT	0.5196	0.5631	0.7662
SURF	0.4941	0.5468	0.7369

由表 5.3、表 5.4 可知，无论是同源光学影像间配准还是非同源光学影像间配准，在各种配准模型中，MSER&SIFT-AIM 和 Harris&SIFT-AIM 两种配准模型总的均方根误差都较其他配准模型均方根误差低，即前两种模型的配准精度高于后三种模型。由表 5.5 可知，对本书提出的 SIFT-AIM&Canny 配准 SAR 图像模型所获的配准精度也明显高于边缘轮廓配准模型的配准精度。

表 5.5　SAR 影像配准精度比较

配准模型	$RMSE_x$	$RMSE_y$	RMSE
SIFT-AIM&Canny	0.5081	0.4286	0.6647
边缘轮廓配准	0.5518	0.5803	0.8008

5.4 图像融合

将由多元信道所获得的有关同一场景的图像数据，应用计算机和图像处理等技术最大限度地把来自各信道中的有利信息提取出来，最终合成高质量的图像，从而提升原始图像的光谱分辨率和空间分辨率，提高图像信息的利用率、计算机的解译精度和可靠性，使其更有利于各种监测应用的图像处理技术就是图像融合。目前，多传感器信息融合已经被广泛应用在模式识别、态势评估、环境监测等方面。

按照融合系统中数据抽象的层次，图像融合由低到高可以分为三个层次：数据级融合、特征级融合和决策级融合（王大伟，2010）。图 5.3 中给出各层次图像融合分类及其主要应用。数据级融合又称为像素级融合，是指直接将由传感器采集的数据进行处理，从而获得融合图像的过程，它是高层次图像融合的基础。这种图像融合能够尽量保持实测原始数据，提供其他融合层次所不能提供的细节信息，其缺点是处理开销较大，实时性较差。特征级图像融合是中间层的融合处理过程。利用从各个传感器图像的原始信息中提取的特征信息，进行综合分析及融合处理。在该过程中能够保证不同图像所包含的信息特征。本节将主要讨论基于特征的局部互补不变配准方法在特征级图像融合中的应用。决策级融合的任务是完成局部决策的融合处理，它属于高层次的融合，其融合算法主要有贝叶斯推断、D-S 证据理论、模糊集理论、粗糙集理论等决策级融合算法。

基于特征的图像配准精度将直接影响到图像融合效果，因此图像配准是图像融合的关键步骤。特征级图像融合一般分三步进行，即图像预处理、图像配准和图像融合。

（1）图像预处理。主要是对数字图像处理的基本操作，如去噪、边缘提取和直方图处理等，以及对图像发生的辐射畸变和几何畸变进行校正，以建立图像的匹配模板或对图像进行某种变换操作，如傅里叶变换和小波变换等。

（2）图像配准。主要是通过采用一定的匹配策略，找到待融合图像中的模板或特征点在参考图像中的对应位置，以确定两幅图像之间的变换关系。

（3）图像融合。最大限度地提取由多源信道所采集到的同一场景的图像数据中的有用信息，从而综合成高质量的图像，以此提高图像信息的利用率，使其更有利于监测。

在上述图像融合的三个步骤中，图像配准既是核心又是难点，尤其是在宽基线条件下。其主要原因如下：

（1）目标表面的光亮度、对比度受光照条件的影响，使基于灰度图像相关匹配方法效果不理想；

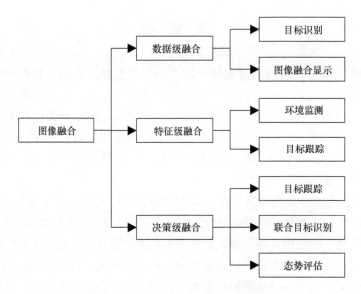

图 5.3　图像融合层次及其主要应用

（2）投影中心与目标物体距离的远近，将使获得的图像具有不同的分辨率；

（3）成像条件的变化，将使目标发生形状变化，从而导致目标图像产生仿射变形；

（4）透视变形将影响目标形状，因此为避免配准中存在粗差，必须构建一种有效的投影变换模型。

已有的基于特征的配准算法主要是采用单一的局部不变特征进行配准，如Harris、SIFT、SURF 等。由于图像间存在灰度、尺度、旋转等各种复杂的变换，以及特征信息也存在较大的差别，图像特征提取的可重复性和信息量存在一定的差异，使单一特征配准的成功率很低。若采用集成局部互补不变性特征，则能够提高宽基线图像配准的成功率。

图 5.4 是采用集成 MSER 和 SIFT-AIM 互补不变特征配准算法进行图像融合的基本过程。

由图 5.4 可知，在图像融合过程中的关键步骤，即配准中采用本书的集成配准算法需分三步进行：

（1）粗匹配，对预处理的图像采用 MSER 特征进行粗匹配，以初步校正图像间的几何变换；

（2）精匹配，采用 SIFT-AIM 匹配算法进行精确匹配，以获得精确的匹配特征点对；

（3）变换参数估计及重采样，对获得精确匹配特征点对，采用最小二乘法（LSM）拟合出模型式（4-5）的最佳仿射变换参数。为获得同一坐标系下的参考图像和待配准图像，还需对待配准图像进行重采样。

图 5.5 给出了采用本书提出的方法对 HJ1-A 图像和 Terra-SAR 图像进行配准后进行特征级图像融合过程。

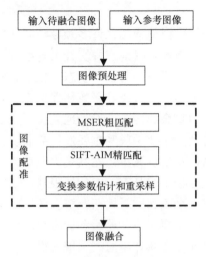

图 5.4　图像融合过程

(a) HJ1-A 原图像　　　　　　　　(b) Terra-SAR 原图像

(c) 融合结果

图 5.5　HJ1-A 图像和 Terra-SAR 图像融合过程

5.5 变 化 检 测

变化检测技术已经被广泛地应用在许多领域，如环境监测、土地利用、生物生长监测和灾情估计等方面。目前在煤炭开采与冶炼过程中，将井下矿石搬运到地表，改变了矿区的化学成分与物理状态，使重金属开始向生态环境释放和迁移。近年来，不少矿山由于过度开采兼环保措施没有同步跟进，造成矿区周围农田土壤不同程度的重金属污染，对当地人民群众健康构成巨大威胁。环境监测作为环境监督管理的重要手段其重要性日益显现。目前，在我国各地环保局布有地面监测站网，主要以城市，尤其是大城市为主，通过常规监测对日常环境进行监测。但是这种手段具有一定的局限性，获得的数据往往滞后于环境变化。遥感以其快速、准确和实时地获取资源环境状况及其变化数据的优越性，成为目前环境监测的主要手段。遥感图像覆盖面广，反映信息快，因此适于长期动态监测。国内外在遥感环境监测领域取得了许多丰硕成果。甘甫平等（2004）基于矿区植被对航天 Hyperion 高光谱数据某一波段吸收深度来研究矿区受污染程度；2002 年，利用 TM 波段的组合波段变量与矿化蚀变相关关系，在干旱气候下提取金矿蚀变信息（Timothy and Talalaat，2002）；杨波等（2005）考虑实验区地物光谱数据较少，首次建立了基于实验区光谱特征定量遥感找矿模型。

利用多时相遥感图像变化检测技术进行环境监测将是一个复杂的处理过程。所谓遥感图像变化检测就是从不同时间获得的遥感图像中定量地分析和确定监测对象的变化过程，包括变化类型、分布状况及变化信息的描述，也就是确定变化前后监测对象类型、分析变化的属性。监测对象变化主要有地物种类变化、扩张、收缩或形状改变，位置变化，破碎或合并。监测对象的变化有其自身的演变规律，认识这些变化规律，可以对这些变化从空间和时间上进行预测。研究这些变化及其在图像上变化的特性和规律，充分利用变化的先验知识，有利于提高变化检测处理的自动化程度。

虽然用于环境监测的变化检测与其他应用需要的变化检测步骤并不完全相同，但是一般遥感图像变化检测过程都包括数据、预处理、特征选择与提取、变化比较与判别、后处理、精度评估等环节。其中在预处理阶段中对同一地区不同时相的两幅遥感图像进行几何配准是非常关键的一步，这是由于图像配准的精度将直接影响变化检测的精度和效果。

利用遥感影像进行环境变化监测的一般步骤如下：

（1）数据准备。利用各种手段获取合适的遥感图像及辅助数据。

（2）数据预处理。主要是对图像进行辐射校正、几何校正和图像配准等。

（3）变化检测。主要是对变化信息进行识别、提取及定性和定量分析。

（4）后处理工作。主要是借助实地观测信息和相关的统计资料对发生变化的信息进行人工确认、优化识别和精确提取等。

（5）对变化性质进行分析，对变化影响进行分析和评估。

遥感影像变化检测的方法主要有分类后比较法和直接多时相影像分类法两种。所谓分类后比较法是指先对多时相影像的每一幅影像进行单独分类，而后再比较分类后的结果影像，如果相应像素的类别标签不同，则认为该像素发生了变化，否则认为该像素没有变化。该方法优点是不需要进行数据归一化，能够克服由多时相影像的传感器、分辨率等因素不同引起的不便。该方法的缺点是对类别的合理划分要求较高，若类别划分过细，则会造成检测误差增加；若过粗，则不能较好地反映实际情况。直接多时相影像分类法是指利用两个或多个日期的组合数据序列进行分析以识别变化区域。该方法包括：像素级变化检测、特征级变化检测、可视化辅助变化检测及基于高程的变化检测四种方法。本节主要讨论特征级变化检测。

特征级变化检测包括点、线、面特征，以及整体特征的变化检测，这些变化检测的精度直接受图像特征配准精度的影响，尤其利用宽基线 SAR 影像进行矿区环境监测时更显著。已有的配准算法主要是针对图像间只存在相对偏移，这种情况下，主要是如何利用图像间的相关性提高配准精度和速度。对图像间存在灰度、尺度、旋转等各种复杂的变换情况，已有的配准方法就无能为力了。此时，若采用集成 Canny 边缘和 SIFT 互补不变特征配准方法，则能够提高宽基线 SAR 影像配准的成功率。

图 5.6 是采用集成 Canny 边缘和 SIFT-AIM 互补不变特征配准方法进行图像变化检测的基本流程图。由图 5.6 可知，影像配准结果对后续影像变化检测起着关键作用。

由图 5.6 可知，采用集成 Canny 边缘和 SIFT-AIM 互补不变特征配准方法进行配准。首先利用边缘分割进行粗匹配，以此初步校正图像的空间几何变换；然后利用高效的 SIFT-AIM 方法进行精匹配，即利用 SIFT-AIM 算子在待配准图像中提取特征点，然后在基准图像中找到其相应的同名点，同时采用多种约束条件，以保证同名点的准确性，这样即可获得所需的控制点对。

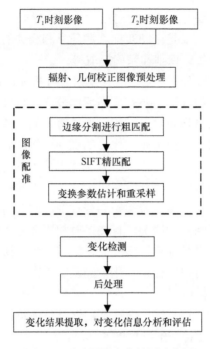

图 5.6 遥感图像变化检测流程图

5.6 本章小结

  本章从配准模型的性能评价指标即配准的 Recall-Precision、配准速度和配准精度出发对文中提到的几种配准模型进行比较分析。结果表明，本书提出的集成 MSER 和 SIFT 互补不变特征的配准方法是 Recall-Precision 最高，计算速度快，配准误差较小；而对于 SAR 图像配准方法由分析可知本书提出的 SIFT-AIM&Canny 配准模型配准精度高于边缘轮廓配准方法。最后讨论了本书提出的集成配准算法在实际工程中的应用实例。首先讨论集成 MSER 和 SIFT-AIM 互补不变特征配准算法在遥感图像融合方面的应用，由于配准精度对图像融合结果有着重要的影响，而本集成配准方法精度较高，因此使融合效果较好。然后讨论了集成 Canny 边缘和 SIFT 互补不变特征配准方法在 SAR 图像变化检测方面的应用，由于已有的基于特征的 SAR 配准方法精度不理想，使特征级 SAR 图像变化检测没有得到广泛应用。通过采用本书提出的集成配准算法能够提高配准精度，从而更有利于图像变化结果的提取，对变化信息进行分析和评估。

第6章 结论与展望

6.1 结 论

图像配准是遥感图像处理的关键，同时，也是对同一场景的遥感图像分析和各种变化检测等的前提，因此将其作为研究方向，不仅具有重要的理论价值，而且具有重要的应用价值。本书针对局部不变特征提取算法、特征描述符、基于特征的配准策略及优化匹配理论进行了全面总结和分析，并针对其中存在的一些具体问题进行了深入的研究。主要成果及结论如下。

（1）首先查阅了国内外图像配准领域大量的相关文献资料，对基于特征的图像配准及其相关技术进行全面而系统的总结和分析。对基于特征的图像配准方法的各个重要步骤进行了详细地综述，分析了每个重要步骤的各种算法的适用性、优点和不足之处，并吸收其精华，为本书研究工作提供思路。

（2）在局部不变特征提取和描述方面：对基于角点、斑点和区域的局部不变特征提取和描述的各种算法进行详细地剖析，针对它们的不足，本书提出了一种新的特征描述符。该特征描述是对 SIFT 特征描述符进行改进，使 SIFT 特征描述符的维度降低，从而降低运算量，提高运行效率。针对 SIFT 描述符不具有仿射不变性的缺点，该描述符集成仿射不变矩，使它不仅具有 SIFT 方法的优点，而且在仿射不变性方面比 SIFT 方法有了明显的改善。

（3）对各种搜索策略进行总结分析，结果表明对于高效的 BBF 搜索算法并不一定总是最佳的，在高维特征匹配时有时会失去其优越性。而穷尽搜索算法虽然一般情况表现的搜索效率较低，但是在进行高维特征匹配时有时也会表现出其优越于其他搜索策略的方面。对搜索策略的选取应根据具体情况采用最佳搜索策略。

（4）特征匹配结果需进行优化提取，剔除错误的匹配特征对，以提高匹配精度。对此总结分析了目前应用较多的比值法和一致性法，结果表明在一致性法中的 RANSAC 算法计算简单，性能较好，对剔除图像中的错误匹配对比较有效，且获得的匹配结果更鲁棒。

（5）针对目前多源遥感图像配准速度和精度不高的问题，在总结分析了各种局部不变特征的提取算法和描述、各种搜索算法和各种优化提取算法的基础上，提出了集成多种特征进行图像配准以提高配准精度的思想，结果表明该种思想是可行的。

（6）采用同源和多源遥感数据，对各种配准模型进行速度和精度分析比较，表明集成 MSER 和 SIFT 特征配准算法对光学图像配准结果要优越于单一特征配准；集成 SIFT-AIM 和 Canny 边缘特征的配准算法在对 SAR 图像进行配准时其配准结果要比单一特征精度高。

（7）最后本书将提出的配准模型进行工程实例应用，应用结果也表明了集成局部互补不变特征配准算法具有良好性能。

6.2 展　　望

多源遥感图像配准是图像处理中一个非常复杂的关键问题，涉及遥感技术、图像处理、计算机视觉、模式识别及人工智能等学科。虽然很多研究者在遥感图像配准方面已经进行了大量的研究，并取得很大的进展，但是该技术的现状与人们的要求还有很大的差距，依然存在着很多亟须解决的问题。

本书对基于特征的遥感图像配准中存在的一些具体问题进行了深入研究，并取得了几点创新性的成果，但遥感图像配准领域中仍有很多问题需要研究者去探索。因此，在本书研究成果的基础上，将进行研究如下内容：

（1）现今多数局部不变特征提取算法基本都是针对灰度图像进行处理。而实际上，颜色也包含丰富的信息，这些信息对提高特征的独特性也有很重要的帮助。如目前应用效果较好的扩展后的彩色 SIFT 和 MSER 特征提取方法。由此可知，将目前的局部不变特征提取方法拓展至彩色图像将成为该领域的研究方向之一。

（2）基于特征的遥感图像配准方法存在一些固有的缺陷，本书提出集成局部互补不变特征的遥感图像配准方法，能够较好地满足实际应用的要求，但是这样的集成方法并不是唯一的，探索新的集成途径将是一个值得研究的方向。

（3）本书提出的集成配准算法性能虽然优于其他几个配准模型，但是对于分辨率越来越高的遥感图像来说，要满足其实时性要求，仍需要继续提高算法的配准速度。本书仅对集成配准算法提高其速度和配准概率及精度，但是对于要求配准算法性能越来越高的遥感图像来说，算法的配准性能仍需继续提高。

（4）目前，国内外研究人员提出的遥感图像配准方法虽然比较多，但是这些方法基本上都是针对某种具体的图像配准问题而提出的，因此没有哪一种方法可以同时适用于各种遥感图像配准中。研究如何找到一种统一的方法进行不同的图像配准问题研究将成为可能。

参 考 文 献

陈冰, 赵亦工, 李欣. 2011. 一种新的宽基线图像匹配方法. 西安电子科技大学学报(自然科学版), 38(2): 116-123.

陈尔学, 田昕. 2008. 尺度不变特征变换法在 SAR 影像匹配中的应用. 自动化学报, 34(8):861-868.

陈方, 熊智, 许允喜, 等. 2009. 惯性组合导航系统中的快速影像匹配算法研究. 宇航学报, 30(6): 2308-2316.

陈宇波, 许海柱, 黄婷婷, 等. 2007. 在人脸图像中确定嘴巴位置的方法. 电子科技大学学报, 36(6): 1308-1310.

陈志方, 张艳宁, 杨将林, 等. 2007. 一种改进的 SUSAN 算法. 微电子学与计算机, 24(11): 142-144.

程亮, 龚健雅, 韩鹏, 等. 2009. 遥感影像仿射不变特征匹配的自动优化. 武汉大学学报(信息科学版), 34(4): 417-421.

邓宝松. 2006. 基于点线特征的大基线图像序列三维重建技术研究. 长沙: 国防科学技术大学博士学位论文.

董道国, 薛向阳, 罗航哉. 2002. 多维数据索引结构回顾. 计算机科学, 29(3): 1-6.

冯宇平, 戴明, 张威, 等. 2009. 一种用于图像序列拼接的角点检测算法. 计算机科学, 36(12): 270-271.

付波, 周建中, 彭兵, 等. 2007. 基于仿射不变矩的轴心轨迹自动识别方法. 华中科技大学学报(自然科学版), 35(3): 119-122.

甘甫平, 刘圣伟, 周强. 2004. 德兴铜矿矿山污染高光谱遥感直接识别研究. 地球科学, (01): 78-83.

葛永新, 杨丹, 雷明. 2010. 基于良分布的亚像素定位角点的图像配准. 电子与信息学报, 32(2): 427-432.

顾华, 苏光大, 杜成, 等. 2004. 人脸关键特征点的自动定位. 光电子·激光, 15(8): 975-979.

胡正平, 王玲丽. 2012. 基于 L1 范数凸包数据描述的多观测样本分类算法. 电子与信息学报, 34(1): 194-199.

黄祖伟. 2007. 基于双目立体视觉的目标跟踪算法研究. 济南: 山东大学硕士学位论文.

贾惠珍, 王同罕. 2011. 基于自适应微调因子的改进 frost 滤波. 计算机工程与设计, 32(11): 3793-3843.

靳峰. 2015. 基于特征的图像配准关键技术研究. 西安: 西安电子科技大学博士学位论文.

康欣, 韩崇昭, 杨艺. 2006. 基于结构的 SAR 图像配准. 系统仿真学报, 18(5): 1307-1310.

李芳芳, 肖本林, 贾永红, 等. 2009. SIFT 算法优化及其用于遥感影像自动配准. 武汉大学学报(信息科学版), 34(10): 1245-1249.

李孚煜, 叶发茂. 2016. 基于 SIFT 的遥感图像配准技术综述. 国土资源遥感, 28(2): 14-15.

李昆仑, 曹铮, 曹丽萍, 等. 2009. 半监督聚类的若干新进展. 模式识别与人工智能, 22(5): 735-742.

李玲玲, 李翠华, 曾晓明, 等. 2008. 基于 Harris-Affine 和 SIFT 特征匹配的图像自动配准. 华中科技大学学报(自然科学版), 36(8): 13-16.

李伟生, 王卫星, 罗代建. 2011. 用 Harris-Laplace 特征进行遥感图像配准. 四川大学学报(工程科学版), 43(4): 89-94.

李晓明, 郑链, 胡占义. 2006. 基于 SIFT 特征的遥感影像自动配准. 遥感学报, 10(6): 885-892.

廉蔺, 李国辉, 王海涛, 田昊, 徐树奎. 2011. 基于 MSER 的红外与可见光图像关联特征提取算法. 电子与信息学报, 33(7): 1625-1631.

刘闯, 龚声蓉, 崔志明, 等. 2008. 基于角点采样的多目标跟踪方法. 中国图象图形学报, 13(10): 1873-1877.

刘晴, 唐林波, 赵保军, 等. 2012. 基于自适应多特征融合的均值迁移红外目标跟踪. 电子与信息学报, 34(5): 1137-1142.

刘芳洁, 董道国, 薛向阳. 2003. 度量空间中高维索引结构回顾. 计算机科学, 30(7): 64-68.

刘黎宁, 侯榆青, 高士瑞. 2012. 一种改进的综合纹理和形状特征的图像检索方法. 小型微型计算机系统, 33(5): 1141-1144.

刘萍萍. 2009. 图像的局部不变性特征方法研究. 长春: 吉林大学博士学位论文.

刘松涛, 杨绍清. 2007. 图像配准技术研究进展. 电光与控制, 14(6): 99-105.

吕金建. 2008. 基于特征的多源遥感图像配准技术研究. 长沙: 国防科学技术大学博士学位论文.

吕金建, 文贡坚, 王继阳, 等. 2009. 一种改进的基于不变描述子的图像自动配准方法. 信号处理, 216-222.

罗小慧. 1993. 基于特征和灰度的影像配准方法. 北京: 中国科学院遥感应用研究所硕士学位论文.

孙浩, 王程, 王润生. 2011. 局部不变特征综述. 中国图象图形学报, 16(2): 141-151.

谭园园, 李俊山, 杨威. 2007. 新的近距离红外目标跟踪算法. 电光与控制, 14(3): 8-11.

王阿妮, 马彩文, 刘爽, 等. 2009. 基于角点的红外与可见光图像自动配准方法. 光子学报, 38(12): 3328-3332.

王大伟. 2010. 基于特征级图像融合的目标识别技术研究. 长春: 中科院光学精密机械与物理研究所博士学位论文.

王永明, 王贵锦. 2010. 图像局部不变性特征与描述. 北京: 国防工业出版社.

徐新, 廖明生, 卜方玲. 2000. 一种基于相对标准差的 SAR 图像 Speckle 滤波方法. 遥感学报, 4(3): 214-218.

杨波, 吴德文, 赖健清. 2005. 矿化信息提取定量遥感模型的建立. 遥感学报, (6): 717-724.

杨秋菊, 肖雪梅. 2011. 基于改进 Canny 特征点的 SIFT 算法. 计算机工程与设计, 32(7): 2428-2431.

姚国标, 邓喀中, 杨化超, 等. 2013. 基于几何约束的倾斜立体影像匹配. 中国矿业大学学报, 42(4): 676-681.

袁修孝, 钟灿. 2012. 一种改进的正射影像镶嵌线性最小化最大搜索算法. 测绘学报, 41(2): 199-204.

岳春宇, 江万涛. 2012. 一种利用级联滤波和松弛法的 SAR 图像配准方法. 武汉大学学报(信息科学版), 37(1): 43-62.

曾万梅, 吴庆宪, 姜长生. 2009. 基于组合不变矩特征的空中目标识别方法. 电光与控制, 6(7): 21-24.

张继贤, 李国胜, 曾钰. 2005. 多源遥感影像高精度自动配准的方法研究. 遥感学报, 9(1): 73-77.

张洁玉. 2010. 图像局部不变特征提取与匹配及应用研究. 南京: 南京理工大学博士学位论文.

张迁, 刘政凯, 庞彦伟, 等. 2004. 一种遥感影像的自动配准方法. 小型微型计算机系统, 25(7): 1129-1131.

周建民, 何秀凤. 2006. 星载 SAR 图像的斑点噪声抑制与滤波研究. 河海大学学报(自然科学版), 34(2): 189-192.

周拥军. 2007. 基于未检校 CCD 相机的三维测量方法及其在结构变形监测中的应用. 上海: 上海交通大学博士学位论文.

朱述龙, 朱宝山, 王红卫, 等. 2006. 遥感图像处理原理与应用. 北京: 科学出版社.

Abbasi S, Mokhtarian F, Kitter J. 2000. Enhancing CSS-based shape retrieval for objects with shadow concavities. Image Vision Computing, 18: 199-211.

Alhichri H S, Kamel M. 2003. Virtual circles: a new set of features for fast image registration. Pattern Recognition Letters, 24(5): 1181-1190.

Anuta P E. 1969. Registration of multispectral video imagery. Society Photo-Optical Instrum. Eng. J., 7: 168-175.

Anuta P E. 1970. Spatial registration of multispectral and multtemporal digital imagery using fast Fourier transform techniques. IEEE Transactions on Geoscience Electronics, 8(4): 353-368.

Attneave F. 1954. Some informational aspects of visual perception. Psychological Review, 61: 183-193.

Baumberg. 2000. Reliable feature matching across widely separated views. In: Conference on Computer Vision and Pattern Recognition. Hilton Head Island, South Carolina, USA.

Bay H, Tuytelaars T, Van Gool L. 2006. SURF: Speeded up robust features. In ECCV.

Bay H, Tuytelaars T, Van Gool L. 2008. Speeded-up robust features(SURF). Computer Vision and Image Understanding, 110.

Beaudet P R. 1978. Rotationally invariant image operators. In: Proceedings of the International Joint Conference on Pattern Recognition.

Belongie S, Malik J, Puzicha J. 2000. Shape context: A new descriptor for shape matching and object recognition. Proceedings of the Neural Information Processing Systems, 831-837.

Belongie S, Malik J, Puzicha J. 2002. Shape matching and object recognition using shape contexts. IEEE Transactions on Pattern Analysis and Machine Intelligence, 24(4): 509-522.

Bentley J L. 1975. Multidimensional binary search trees used for associative searching. Communications of the ACM, 18(9): 509-511.

Canny J. 1986. A computational approach to edge detection. IEEE Transactionson Pattern Analysis and Machine Intelligence, PAMZ-8(6).

Chae K Y, Dong W P, Jeong C S. 2005. SUSAN window based cost calculation for fast stereo matching. Proceedings of the International Conference on Computational Intelligence and Security, 3802: 947-952.

Chang Y L, Zhou Z M, Chang W G, et al. 2005. A new registration method for multi-spectral SAR images. IEEE International on Geoscience and Remote Sensing Symposium, 1704-1708.

Daugman J G. 1985. Uncertainty relations for resolution in space, spatial frequency, and orientation optimized by two-dimensional visual cortical filters. Journal of the Optical Society of America, 2: 1160-1169.

Deledalle C A, Denis L, Tupin F. 2009. Iterative weighted maximum likelihood denoising with probabilistic patch-based weights. IEEE Transactions on Image Processing, 18(12): 2661-2672.

Enrique C, Santanmaria J, Miravet C. 2000. Segment-based registration technique for visual-infrared images. Optical Engineering, 39(1): 282-289.

Fisher M A, Bolles R C. 1981. Random sample consensus: Apardigm for model fitting with application to image analysis and automated cartography. Communication ACM, 24(6): 381-395.

Florack L M J, Romeny B M T H, Koenderink J J, Viergever M A. 1994. General intensity transformations and differential invariants. Journal of Mathematical Imaging and Vision, 4(2): 171-187.

Florack L M J, ter Haar Romeny B M, Koenderink J J, et al. 1992. Scale and the differential structure of images. Image and Vision Computer, 10(6): 376-388.

Florack L, Romeny B T H, Koenderink J, Viergever M. 1991. General intensity transformations and second order invariants. In: the 7th Scandinavian Conference on Image Analysis. Aalborg, Denmark.

Flusser J, Suk T. 1993. Pattern recognition by affine moment invariants. Pattern Recognition, 26(1): 167-174.

Freeman W, Adelson E. 1991. The design and use of steerable filters. IEEE Transactions on Pattern Analysis and Machine Intelligence, 13(9): 891-906.

Guttman A. 1984. R-trees: A Dynamic index structure for spatial searching. In Proc. ACM SIGMOD International Conference on Management of Data.

Harris C, Stephens M. 1988. A Combined Corner and Edge Detector. Proceedings of Alvey Vision Conference. New York: ACM Press: 147-151.

Heymann S, Mller K, Smolic A, et al. 2007. SIFT implementation and optimization for General-Purpose GPU. In Proceedings of the 15th International Conference in Central Europe on Computer Graphics, Visualization and Computer Vision.

Hu M K. 1962. Visual pattern recognition by moment invariants. IRE Transactions on Information Theory, 8(1): 179-187.

Johnson A, Hebert M. 1999. Using spin images for efficient object recognition in cluttered 3D scenes. IEEE Computer Vision and Pattern Recognition, 21(5): 433-449.

Kadir T, Brady M. 2001. Scale, Saliency and image description. International Journal of Computer Vision, 45(2): 83-105.

Kadir T, Zisserman A, Brady M. 2004. An Affine Invariant Salient Region Detector. Proceedings of the 8th European Conference on Computer Vision. New York: ACM Press, 345-457.

Ke Y, Sukthankar R. 2004. PCA-SIFT: A more distinctive representation for local image descriptors. In: 2004 IEEE Computer Society Conference on Computer Vision and Pattern Recognition.

Kitchen L, Rosenfeld A. 1982. Gray-level corner detection. Pattern Recognition Letters, 1: 95-102.

Koenderink J J. 1984. The structure of images. Biological Cybernetics, (50): 363-370.

Koenderink J, Doorn Av. 1987. Representation of local geometry in the visual system. Biological Cvbernetics archive, 55(6): 367-375.

Kristensen F, Maclean W J. 2007. Real-time extraction of maximally stable extremal regions on an FPGA. International Symposium on Circuits and Systems.

Lee C H, Varshney A, Jacobs D W. 2005. Mesh saliency. ACM Transactions on Graphics, 24(3): 659-666.

Lee D T, Wong C K. 1977. Worst-Case analysis for region and partial region searches in multidimensional binary search trees and balanced quad trees. Acta Informatica, 9(1): 23-29.

Lee T. 1996. Image representation using 2-D Gabor Wavelets. IEEE Transactions on Pattern Analysis and Machine Intelligence, 18(10): 959-971.

Leu J G. 1989 Shape normalization through compacting. Pattern Recognition Letters, 10(4): 243-250.

Levine M D, Handley D O O, Yagi G M. 1973. Computer determination of depth maps. Computer Graphics and Image Processing, 2(4): 131-150.

Li J, Allinson M N. 2008. A comprehensive review of current local features for computer vision. Neurocomputing, 71(10-12): 1771-1787.

Lindeberg T. 1993. Detecting salient blob-Like image structures and their scales with a scale-space primal sketch: A method for focus-of-attention. International Journal of Computer Vision, 11(3): 283-318.

Lindeberg T. 1994. Scale-Space Theory in Computer Vision. Berlin: Springer.

Lindeberg T. 1998. Feature detection with automatic scale selection. International Journal of Computer Vision, 30(2): 79-116.

Lindeberg. 1994. A basic tool for analyzing structures at different scales. Journal of Applied Statistics, 21(2): 224-270.

Linderberg T. 1998. Feature detection with automatic scale selection. International Journal of Computer Vision, 30(2): 79-116.

Liu T, Moore A, Gray A, et al. 2004. An investigation of practical approximate nearest neighbor algorithms. In NIPS.

Long X, Wu X Q. 2011. Motion segmentation based on fusion of MSRF segmentation and Canny operator. Procedia Engineering, 15: 1637-1641.

Lowe D G. 1999. Object recognition from local scale-Invariant features. In: Proceeding of the International Conference on Computer Vision(ICCV'1999).

Lowe D G. 2004. Distinctive image features from scale-invariant key points. International Journal of Computer Vision, 60(2): 91-110.

Marcelja S. 1980. Mathematical description of the responses of simple cortical cells. Journal of the Optical Society of America, 70(11): 1297-1300.

Marr D, Hildreth E. 1980. Theory of edge detection. Proceedings of the Royal Society of London(Series B), Biological Sciences, 207(1167): 187-217.

Matas J, Chum O, Urban M, et al. 2004. Robust wide-baseline stereo from maximally stable extremal regions. Image Vision Computing, 22(10): 761- 767.

Mauricio H, Geovanni M. 2004. Facial feature extraction based on the smallest univalue segment assimilating nucleus(SUSAN)algorithm. Proceedings of the International Conference on Picture Coding Symposiump, 261-266.

Michael Reed Teague. 1980. Image analysis via the general theory of moments. Optical Society of America.

Mikolajczyk K, Schmid C. 2001. Indexing based on scale invariant interest points. Proceedings of the 8th International Conference on Computer Vision, Vancouver, Canada, 525-531.

Mikolajczyk K, Schmid C. 2004a. Comparison of affine invariant local detectors and descriptors. Proceedings of 12th European Signal Processing Conference, Vienna, Austria.

Mikolajczyk K, Schmid C. 2004b. Scale & affine invariant interest point detectors. International Journal of Computer Vision, 60(1): 63-86.

Mikolajczyk K, Schmid C. 2005. A performance evaluation of local descriptors. IEEE Transactions on Pattern Analysis and Machine Intelligence, 27(10): 1615-1630.

Mikolajczyk K, Tuytelaars T, Schmid C. 2005. A Comparison of affine region detectors. International Journal of Computer Vision, 60(1): 163-186.

Mikolajczyk K. 2002. Detection of local features invariant to affine transformations. Ph. D. thesis, Institute National Polytechnique de Grenoble, France.

Mokhtarian F, Mackworth A. 1986. Scale-based description and recognition of planar curves and two-dimensional shapes. IEEE Transactions on Pattern Analysis and Machine Intelligence, 8(1): 34-43.

Mokhtarian F, Suomela R. 1998. Robust image corner detection through curvature scale space. IEEE Transactions on Pattern Analysis and Machine Intelligence, 20(12): 1376-1381.

Montesinos P, Gouet V, Deriche R. 1998. Differential invariants for color images. Proceedings of 14th International Conference on Pattern Recognition, Brisbane, Australia.

Moravec H. 1977. Towards automatic visual obstacle avoidance. In: Proceedings of the International Joint Conference on Artificial Intelligence.

Moravec H. 1981. Rover visual obstacle avoidance. Proceedings of the 7th International Joints Conference on Artificial Intelligence, Vancouver: 785-790.

Mori K I, Kidode M, Asada H. 1973. An iterative prediction and correction method for automatic stereo comparison. Computer Graphics and Image Processing, 2: 393-401.

Murphy C E, Trivedi M. 2006. N-tree disjoint-set foreset for maximally stable extremal regions. BMVC.

Nagel H H. 1983. Displacement vectors derived from second-order intensity variations in image sequences. Computer Vision Graphics and Image Processing, 21: 85-117.

Nevatia R. 1976. Depth measurement by motion stereo. Computer Graphics and Image Processing, 5: 203-214.

Pei S C, Lin C N. 1995. Image normalization for pattern recognition. Image and Vision Computing, 13(10): 711-723.

Pluim J W, Fitzpatrick J M. 2003. Image registration. IEEE Transactions on Medical Imaging, 22(11): 1341-1343.

Roberts L G. 1963. Machine Perception of 3-D Solids. Ph. D. Thesis. America: MIT.

Rohr K. 1992. Recognizing corners by fitting parametric models. International Journal of Computer Vision, 9(3): 213-230.

Romeny B M, Florack L M J, Salden A H, et al. 1994. Higher order differential structure of images. Image and Vision Computing, 12(6): 317-325.

Rosten E, Drummond T. 2005. Fusing points and lines for high performance tracking. In: Proceedings of the International Conference on Computer Vision.

Rutkowski W S, Rosenfeld A. 1978. A comparison of corner detection techniques for chain coded curves. Maryland University.

Schaffalitzky F, Zisserman A. 2002. Multi-view matching for unordered image sets. Proceedings of the 7th European Conference on Computer Vision, Copenhagen, Denmark. 414-431.

Schlattmann M. 2006. Intrinsic features on surfaces. Proceedings of the 10th Central European Seminar on Computer Graphics, Vienna. 1692176.

Schmid C, Mohr R, Bauckhage C. 2000. Evaluation of interest point detectors. International Journal of Computer Vision, 37(2): 151-172.

Schmid C, Mohr R. 1996. Combining gray-value invariants with local constraints for object recognition. In: Proceedings of the Conference on Computer Vision and Pattern Recognition.

Schmid C, Mohr R. 1997. Local grayvalue invariants for image retrieval. IEEE Transactions on Pattern Analysis and Machine Intelligence, 19(5): 530-534.

Se S, Lowe D, Little J. 2001. Vision-based mobile robot localization and mapping using scale-invariant features. IEEE International Conference on Robotics and Automation, Proceedings. IEEE, 2051-2058 vol.2.

Singh M, Frei W, Shibata T, Huth G C. 1979. A digital technique for accurate change detection in nuclear medical images with application to myocardial perfusion studies using Thallium-201. IEEE Transactions on Nuclear Science, 26(1): 565-575.

Smith S M, Brady J M. 1997. SUSAN-a new approach to low level image processing. International Journal of Computer Vision, 23(1): 45-78.

Snyder W E, Qi H. 2005. 机器视觉教程. 北京: 机械工业出版社.

Suk T, Flusser J. 2003. Combined blurred and affine moment invariants and their use in pattern recognition. Pattern Recognition Letters, 36(12): 2895-2907.

Taylor C R. 2002. Line triangulation for image registration. Proceedings of SPIE, Orlando, FL, USA. 364-373.

Teague M. 1980. Image analysis via the general theory of moments. Journal of the Optical Society of America, 70(8): 920-930.

Timothy M K, Talalaat M R. 2002. Structural controls on neoprotero zoic mineralization in the south eastern desert, Egypt: AnIntegrated Field, LandsatTM, and SIR-C/X SAR Approach. Journal ofAfrican Earth Sciences, 35(1): 107-121.

Tuytelaars T, Gool L V. 2004. Matching widely separated views based on affine invariant regions. International Journal of Computer Vision, 59(1): 61-85.

Tuytelaars T, Mikolajczyk K. 2007. Local invariant feature detectors: A survey. Foundations and Trends in Computer Graphics and Vision, 3(3): 177-280.

Van Gool L, Moons T, Ungureanu D. 1996. Affine/photometric invariants for planar intensity patterns. Proceedings of the 4th European Conference on Computer Vision, Cambridge, UK. 642-651.

Vincent L, Soille P. 1991. Watersheds in digital spaces: An effiecient algorithm based on immersion simulations. TPAMI.

Viola P, Jones M. 2001. Rapid Object Detection Using a Boosted Cascade of Simple Features. Proceedings of International Conference on Computer Vision and Pattern Recognition. Cambridge, MA: MIT Press, 511-518.

Wang H, Brady M. 1995. Real-time corner detection algorithm for motion estimation. Image and Vision Computing, 13(9): 695-703.

Witkin A P. 1983. Scale-space filtering. Proc. 8th Int. Joint Conf. Art. Intell. Karlsruhe, Germany.

Yu L, Zhang D R, Holden E J. 2008. A fast and fully automatic registration approach based on point features for multi-source remote-sensing images. Computers & Geosciences, 34: 838-848.

Zabih R, Woodfill J. 1994. Non-parametric Local Transforms for Computing Visual Correspondence. In: Proceedings of the Third European Conference on Computer Vision. Stockholm.

彩　　图

图 3.7　SIFT 算法提取特征点

图 3.8　SIFT 算法提取的稳定特征点

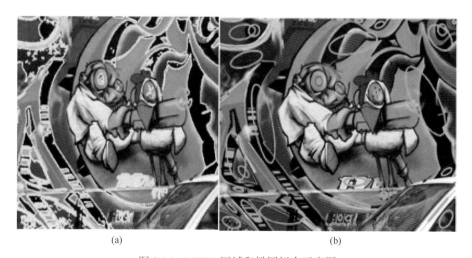

(a)　　　　　　　　　　　　　　(b)

图 3.14　MSER 区域和椭圆拟合示意图

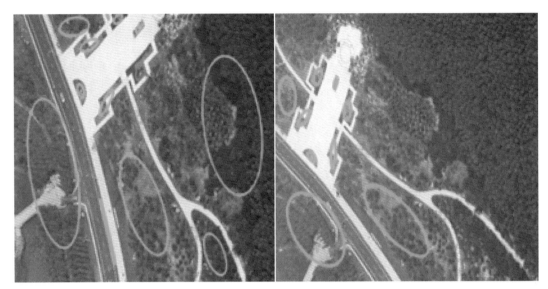

图 4.18　MSER 特征

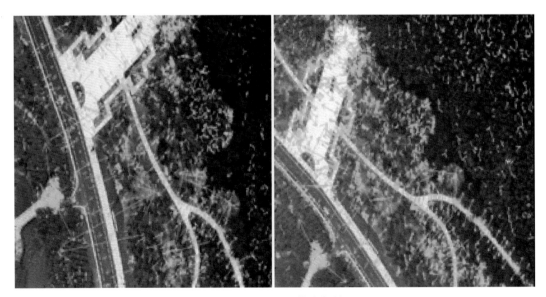

图 4.19　SIFT-AIM 描述矢量

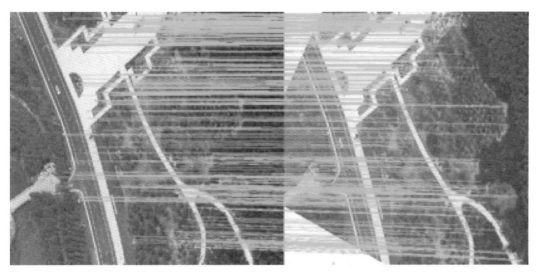

图 4.20　正确匹配

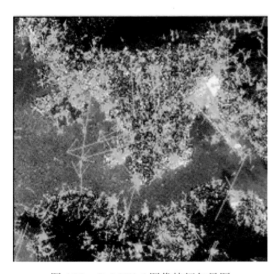

图 4.23　QuickBird 图像特征矢量图

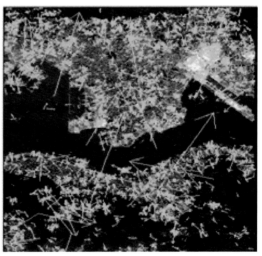

图 4.24　IKONOS 图像特征矢量图

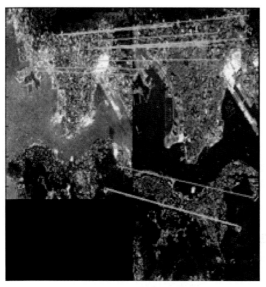
图 4.25　精匹配结果

图 4.26　配准结果

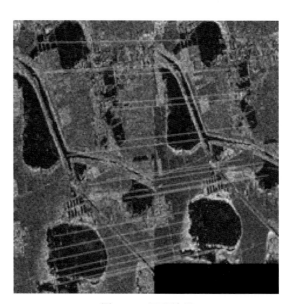
图 4.32　匹配结果